JÜRGEN FEDER

DER PFLANZEN-RETTER

Warum sogar Gänseblümchen wichtig für die Artenvielfalt sind

JÜRGEN FEDER

DER PFLANZEN-
RETTER

Warum sogar Gänseblümchen wichtig für die Artenvielfalt sind

INHALT

VORWORT

»Die Botanik ist keine sesshafte und träge Wissenschaft, bei der man in der Ruhe und im Halbdunkel seines Arbeitszimmers voran- kommt. Sie verlangt vielmehr, dass man Berge überquert und durch Wälder streift, dass man durch zerklüftete Felsen klettert und sich an den Rand von Abgründen begibt!«

Fontenelle: Lobschrift auf Monsieur de Tournefort (1709)

Trotz großer Anstrengungen in den letzten fünfzig bis sechzig Jahren ist das Artenster- ben bedauerlicherweise weiterhin in vollem Gang – in Deutschland, in Europa, auf der ganzen Welt. Natürlich wurden die beabsich- tigten Gegenmaßnahmen nie im vollen Brustton der Überzeugung durchgeführt. Selbst auf kleinsten Ebenen fanden sich immer irgendwelche Gegner jeder noch so gut gemeinten Aktion. Sonst hätten wir nicht diese ungebremst niederschmetternden Resultate, und viel Zeit ist nun nicht mehr zu verlieren. Und das weltweit.

Ein radikaler Kurswechsel, weg von reinen Wirtschaftsinteressen, wurde bisher verpasst. Der menschengemachte Klimawandel scheint, trotz zuletzt heftigster Proteste, einfach nicht aufzuhalten zu sein. Vielleicht passiert aber doch noch irgendetwas, quasi von Geisterhand geleitet, plötzlich und auch für mich inzwischen nicht vorhersehbar, was dieser dermaßen auf Zerstörung ihrer natür- lichen Lebensgrundlagen ausgerichteten Welt noch oder wieder helfen kann. Insofern begrüße ich diese Bewegung »Fridays for Future« ausdrücklich, die endlich auch die Erwachsenen erreicht hat.

Man muss sich das nur vor Augen führen: Laut dem UN-Bericht von 2019 könnten eine Million Tier- und Pflanzenarten aussterben, von den aktuell 1,7 Millionen Arten sind zirka 25 Prozent gefährdet – weil der Mensch durch sein Eingreifen drei Viertel der Erd- oberfläche verändert hat. Und in einem so dicht besiedelten Kontinent wie Europa, gar in einem so bevölkerungsreichen Land wie

Deutschland – da liegen diese Prozentzahlen noch erheblich darüber.

Dabei würde ich selbst so gerne diese Welt retten, zumindest dazu einen großen Beitrag leisten – gerne für viele andere mit. An Ideen und Tatkraft mangelt es mir eingefleischtem Landespfleger jedenfalls nicht, »nur einfach Biologe« zu sein, das genügt mir nicht. Schon als Kind besaß jedes von meinen Geschwistern – und natürlich auch ich – ein kleines Gemüsebeet, fein säuberlich in einer Reihe drapiert und abgegrenzt durch schmale Wege. Später achtete ich auf meinen vielen Streifzügen durch die Natur darauf, nichts unnötig zu zertreten und trotzdem möglichst viel zu entdecken. Bei der Vogelbeobachtung, ausgestattet mit meinem ersten Fotoapparat, waren dazu Ruhe und Verschwiegenheit vonnöten. Als Jugendlicher legte ich mich bereits auf Bolzplätzen gerne mit älteren Jungs an, wenn die mal wieder leere Bierflaschen zerdepperten – manchmal sogar volle.

Später hatte ich immer eine Rosenschere und eine kleine Klappsäge im Fahrradgepäck, und dann im Auto zusätzlich einen Kneifer. Damit rückte ich übergriffigen Sträuchern und kleinen Bäumen auf die Pelle, die damit drohten, meine geliebten und oft kleinen Pflanzenarten auf Heide und Moor, an Graben-, Straßen- und Wegrändern einfach zu überwachsen. Selbst nur auf die Gefahr hin, sie könnten beeinträchtigt, erstickt oder sonst wie unterdrückt werden. Das konnte dann auch gerne mal eine halbe Stunde dauern, einfach so und egal wo. »Rette, wen du retten kannst!« Jene innere Stimme lenkte mich, ich tat es so radikal, dass wenigstens für einige Jahre der Bestand gesichert war – oder zumindest schien.

Noch heute fahre ich alljährlich ins Bremer Umland, um dort unseren letzten hiesigen Arnika-Standort oder den einzig noch ver-

bliebenen deutschen Wuchsort des Schwedischen Hartriegels vor dem Untergang zu bewahren. Dauernd zupfe ich Findefuchs etwas, sozusagen en passant, rupfe hier junge Kiefern und dort Birken heraus, knicke des Weges Äste von Eichen, Weißdorn oder Zitter-Pappeln um oder sammle neuerdings auf meinen Touren zunehmend den Müll anderer ein.

In meiner Frühphase beeindruckte mich das Buch »Ein Planet wird geplündert. Die Schreckensbilanz unserer Politik« von Herbert Gruhl. Bereits 1975 war das, und der ehemalige CDU-Politiker trat aus seiner Partei aus und gründete sogar eine erste Umweltpartei.

Ich selbst habe heute ständig den Film »Grün kaputt – Landschaft und Gärten der Deutschen« im Kopf. 1983, lange bevor ökologische Themen gesellschaftlich breit akzeptiert wurden, hatte Regisseur Dieter Wieland in Bayern die Zersiedelung der Landschaft, die Abholzungen, die Verschandelung von Dörfern und Städten erkannt und in schonungslosen, beklemmenden Bildern zum Ausdruck gebracht. Er schilderte in einer glasklaren (An-)Sprache eine um sich greifende, blinde Zerstörung! Überall Kahlschlag, keine Flurgehölze mehr, kilometerlange Verluste von Wallhecken, fehlende Streuobstplantagen, eine intensive Landschaft, die von Monokulturen beherrscht wird und völlig wertlos für Vögel, Insekten und andere Tiere ist. Und alles auch noch staatlich gefördert. Erste Einwände Ende der Siebzigerjahre wurden noch gnadenlos abgeschmettert, ja sogar lächerlich gemacht. Wieland wies zudem darauf hin, dass man nicht nur von der Industrie Maßnahmen fordern könne, etwas gegen den Schwefelausstoß zu tun, man müssen auch handeln. Wie erwähnt, bereits 1983 hatte er all das gesagt und gezeigt und uns alarmiert.

Als eingefleischter Landespfleger kann ich an keinem Gewöhnlichen Wasserdost vorbeigehen.

Es treibt mich weiterhin ein Zitat an, welches Albert Einstein zugeschrieben wird. Man fragte ihn einmal, mit welchen Waffen zukünftig Kriege geführt werden würden: »Ich bin nicht sicher, mit welchen Waffen der Dritte Weltkrieg ausgetragen wird, aber im Vierten werden sie wieder mit Stöcken und Steinen kämpfen!« Dieser sarkastische bis traurige, dann aber auch wieder augenzwinkernde Spruch sagt doch alles. Wir kommen nämlich der allergrößten Gefahr immer näher, die da heißt: Totalverlust unseres einzigen Planeten.

Und es geht gerade eine Ära dem Ende entgegen, jeder spürt das doch. Denken wir diese fatale ökologische Entwicklung durch, zumindest begrenzt auf Deutschland, dann muss uns klar werden, dass in letzter Instanz nicht nur Tiere und Pflanzen durch den Klimawandel keine Lebensbedingungen mehr finden werden. Viele großartige Lebensräume stehen auf dem Spiel stehen, auch der Mensch selbst. Aber weil ich nicht die ganze Welt retten kann, beschränke ich mich auf das, wo ich mich auskenne. Und so lade ich Sie ein auf meine »Arche Jürgen« mit den Pflanzen »for future« für Deutschland.

Ihr Jürgen Feder

PFLANZEN FOR FUTURE

MEINE GEDANKEN, MEINE PFLANZEN, MEINE ZWÄNGE

Die »Arche Jürgen«

In der Bibel, im Alten Testament, wird Noah von Gott vor einer großen Flut gewarnt. Er erhält den Auftrag, eine Arche zu bauen, um sich und seine Familie zu retten und je ein Paar von den Landtieren. Die Pflanzen wurden dabei aber völlig vergessen – und das möchte ich hier nachholen: Unbedingt sollte es deshalb eine »Arche Jürgen« geben, um bedrohte Pflanzen vor dem Aussterben zu retten. Doch des Weiteren sollte es überall solche Archen geben, in Spanien, in der Ukraine, in Japan, Venezuela, in Australien und auf der Insel Mosambik – viele solcher und sicher auch verschiedener Archen sind zur »Weltrettung« notwendig. Doch für diese länderspezifischen Archen kann ich nicht sprechen, nur für die »Arche Jürgen«.

Aber was für Arten würden wir wirklich mitnehmen? Klar, am liebsten würde ich alle berücksichtigen, alle irgendwie vor dem Auslöschen retten. Bei 5 000 bis 7 000 wild wachsenden Pflanzenarten alleine hier in Deutschland ist das jedoch ein unmögliches Unterfangen. Es heißt also, sich zu begrenzen, repräsentativ vorzugehen, es heißt darüber hinaus, trotzdem möglichst alle Standorte zu berücksichtigen.

Wichtig ist zudem, ein- und abzuschätzen, welchen Nutzen die Gewächse für die Zukunft haben, Mensch und Tier sind dabei im Auge zu behalten. Und letztlich sollten wir uns mit schönen Pflanzen Hoffnung geben. Und ganz sicher würde ich noch Folgendes beherzigen: Wüsste ich, dass morgen die Welt untergeht, würde ich heute noch ein Apfelbäumchen pflanzen! Martin Luther soll das gesagt haben, weil er die Bäume so liebte, aber Historiker haben nachgewiesen, dass das eine Legende ist. Luther ging von keinem Weltuntergang aus, der war anders gestrickt. Aber die »Arche Jürgen« – es lohnt sich, dieses Gedankenexperiment mitzumachen. Auch Sie bekommen dann vielleicht ein anderes Bewusstsein, ein anderes Gefühl zu Ihren Pflanzen im Garten, auf dem Balkon, der Terrasse, beim Spaziergang über Wiesen und durch Wälder oder im Urlaub.

Wir wissen um das ungebremste Sterben der Amphibien, das Sterben der Bienen, das Sterben der Libellen, das Sterben der Schmetterlinge. Denn es gibt kaum noch Nahrung für unsere heimische Tierwelt. Pflanzen brauchen zur Fortpflanzung und Vermehrung, zum Überleben Bestäuber. Aber wenn es kaum noch Insekten gibt, die bestäuben, dann beginnt das Problem ernst zu werden. Die einst fantastische Pflanzenartenvielfalt der Äcker und Wiesen steht kurz vor dem Kollaps, weil die Erweiterung der landwirtschaftlichen Nutzflächen mit immer größeren Maschinen, die immer größere Straßen voraussetzen, keine Rückzugsorte für Vögel und Insekten mehr lassen. Dieser Prozess hat sich unaufhaltsam beschleunigt. Dabei wissen wir von vielen Arten noch längst nicht, was sie uns heute oder in Zukunft für tolle Dienste leisten – hätten leisten können. Der natürliche Kreislauf ist uns weitgehend noch ein Rätsel, erst heute werden nach und nach die Geheimnisse der Natur gelüftet, die etwa die Kommunikation der Pflanzen betreffen, ihre sensationellen Strategien, sich selbst zu heilen.

Wir können Raketen bauen, die mal zum Mars fliegen sollen oder sonst wo hin, aber wir sind bislang nicht fähig, das Zusammenspiel unserer heimischen Arten in Flora und Fauna zu verstehen. Industrie und Politik hatten dafür auch kaum bis noch nie wirklich Geld gegeben, das muss man mal so deutlich sagen. Die Interessen lagen eben immer ganz woanders. Und so sind die negativen Folgen nun unweigerlich da.

Innehalten – allein und in Gemeinschaft

Das Primat der Stunde ist ein Innehalten, ein Umsteuern, ein dringend benötigter Wertewandel, dabei eine Fürsorge für uns alle. Es gilt nicht mehr das zu subventionieren, was zur weiteren Zerstörung des Planeten beiträgt (etwa der Abbau fossiler Energieträger,

die hauptsächlich zur Klimaerwärmung beitragen). Stattdessen sollte das Lebensrettende belohnt werden. Und dafür sind Pflanzen, meine Paten sozusagen, unbedingt in großer Vielfalt dringend erforderlich. Dieses Buch ist darum keine Gebrauchsanweisung, kein Mitmachbuch und kein Ratgeber. Weltrettung ist viel zu komplex und erfordert nun wirklich Profis. Die sind auch vorhanden, hatten aber bisher so gut wie nichts zu melden. Das wird sich ändern, ändern müssen. Das Buch ist vielmehr ein »Tatgeber« für alle, die sich bisher passiv verhalten, ein Ansporn für Entscheider, dann doch einige Dinge selbst in die Hand zu nehmen.

Sie selbst können immerhin über Ihren Garten bestimmen, über Ihre Beete, Ihre Hecken, vielleicht noch über Ihren Bürgersteig davor. Sie können sich für einen tiefgrünen englischen Rasen entscheiden, frei von Unkraut und in seiner Monotonie langweilig. Oder Sie gehen es mal anders an und überdenken einen naturnahen Garten, in dem Artenvielfalt herrscht und Insekten und Vögel sich wohlfühlen.

Unsere Natur ist auf unserer Erde die Supermacht, nicht irgendein Staat. Ihr müssen wir Raum lassen. Was diese Supermacht Natur betrifft, kann hier ein Einzelner nur wenig bis nichts bewirken. Hier sind alle gefragt, unsere Umwelt neu zu sehen, das Zusammenspiel von uns Menschen mit der Natur und ihrer Nutzung für unsere, aber ebenso für ihre Bedürfnisse anders zu definieren. Das ist eine riesige Gemeinschaftsaufgabe, schier übermächtig.

Greenwashing hilft da nicht, da legt man sich nur ein grünes Mäntelchen über, bewirkt aber nur, dass man sich reinwäscht. Und überall Bienenblumen auszusäen, ist schön und gut, aber letztlich ein Scheinaktionismus. Behördenmitarbeiter und Straßenanwohner beschwichtigen sich so nur selbst, denn es muss mehr getan werden. Viel mehr! Wir müssen uns grundlegend mehr und

Angesichts dieser blühenden Wiese mit viel Wiesen-Storchschnabel geht einem das Herz auf.

wieder für die Natur begeistern. Das möchte ich mit meinem »Tatgeber« tun, ich möchte umfassend für ihre pflanzlichen Protagonisten werben, möchte aufklären und gleichzeitig die Wahrnehmung schärfen, wichtige Zusammenhänge verdeutlichen und uns Deutschland mit seinen so vielen und unterschiedlichen und mich schon seit Langem begeisternden Lebensräumen und ihren herbaren Protagonisten näherbringen.

Meine Pflanzenauswahl

Der Gedanke mit der Arche – er musste in mir noch genauere Formen annehmen. Das tat er dann auch, und so entschied ich mich, genau 111 in Deutschland wild wachsende Pflanzenarten in der »Arche Jürgen« vor dem Untergang zu retten. Für mich die kommen-

den Ursprungsarten »einer neuen Welt«. Die wird es mit Sicherheit geben, denn der blaue Planet braucht alles, den Menschen jedoch am allerwenigsten. Unkraut vergeht nicht, sagt sogar ein altes Sprichwort – und so ist es tatsächlich.

Ob diese Arche nun nach der Sintflut am Berg Ararat im heutigen Ostanatolien strandet, so wie einst beim biblischen Noah, sei mal dahingestellt. Möglicherweise vertrocknen und verdursten wir ja auch eher, noch ist nichts entschieden. Und wenn sich mehrere Archen auf den Weg machen, um die Fauna und Flora möglichst vieler Arten vor dem endgültigen Verschwinden zu bewahren, sieht die Sache noch ganz anders aus.

Ich jedenfalls beschränke mit auf Deutschland, von Flensburg bis Oberstdorf, von

In einer artenreichen Pflanzenlandschaft fühlen sich alle Nutztiere schon immer wohl.

Aachen bis Görlitz. Eine Sisyphus-Aufgabe, eigentlich zum Scheitern verurteilt. Welche Art soll ich nun mitnehmen – und warum? Welche Art weglassen? Ganze Pflanzenfamilien müssen unberücksichtigt bleiben, denn allein in Deutschland gibt es Hunderte davon mit etwa 6 000 Arten. Selbst 555 Arten würden zu Härtefällen führen, und 1 111 Arten würden es nur wenig besser machen. Selbst die 1 112. Pflanze nicht mitnehmen zu können, würde für mich Enthusiasten auch schon ein Problem darstellen ...

Wieder müssten viele andere ausgemustert werden. Wo sich doch über Jahrtausende, teils über Jahrmillionen zahllose Pflanzen bei uns allmählich eingenischt haben. Jede Art hat daher von sich aus schon eine Berechtigung, eine bleibende!

111 Pflanzenarten – ich hab mich mal darauf beschränkt, die Arche könnte ja sonst kentern – alleine in meiner Heimatstadt Bremen wären sie ruckzuck zusammen, oder 111 Arten selbst in meinem Stadtteil St. Magnus,

jeweils 111 Arten in Niedersachsen, Thüringen oder Rheinland-Pfalz erst recht. 111 Arten in der Elbaue, 111 Arten in der Sächsischen Schweiz, 111 Arten im Oberrheintal, 111 Arten in den deutschen Alpen wären flugs im Angebot. Alleine schon 111 Arten der deutschen Halbtrockenrasen, 111 Arten der deutschen Sümpfe, 111 Arten hiesiger Laubwälder oder nur 111 Arten allein der heimatlichen Feuchtwiesen ganz genauso. Klar, gerne hätte ich alle deutschen Ehrenpreise (40 Arten), alle Enziane (25), alle Hahnenfüße (90 Arten), alle Malven (7), alle Schmetterlingsblütler (fast 150) oder alle Süßgräser (fast 300) herausgefischt und mit an Bord genommen.

O je, was habe ich mir da bloß aufgebürdet? Eine knifflige, anspruchsvolle Aufgabe. Ein Hauen und Stechen, nur sinnbildlich natürlich. Höchst spekulativ und noch mehr subjektiv. Jeder andere würde anders verfahren ... Aber immerhin, gesetzt den Fall, wir werden alle überschwemmt – alles Eis der

Welt würde schmelzen und der Meeresspiegel würde sich um 65 Meter erheben (Hannover wäre dann Küstenstadt!): Jemand hat sich da schon mal Gedanken gemacht, vorher, den Ernstfall geprobt und einen planetaren Schlachtplan vorgelegt. Und wer, wenn nicht ein Extrembotaniker, sollte sich die Aufgabe antun, diesen Masterplan auf die Pflanzenwelt auszuweiten.

Unterm Strich bin ich zu folgendem Ergebnis gekommen: Wir brauchen Heilpflanzen, Spezies zum Häuserbau, Schiffsbau, für Brücken und für Bohlenwege im Hochmoor. Es muss Gewächse geben zum Ackeranbau (Nahrungspflanzen), zur Bodenbefestigung, zum Unterwasserbau und zur Viehzucht. Möglichst alle Ökosysteme Deutschlands sind zu beachten, möglichst viele Familien, nicht nur 111 deutsche Süßgräser oder 111 deutsche Seggen. Auch die wären nämlich hierzulande vorhanden, spielend. Es muss Pflanzen für einen Tee, gegen Insektenstiche, gegen leichte Messerschnitte, gegen Bettwanzen und natürlich fürs Auge sowie für kommende Wildgartengestaltung geben. Felsen sollen wieder begrünt, Dünen festgelegt, Heiden und Sümpfe besetzt werden, es soll vegetieren auf Helgoland, längs der Unterelbe, an der Mosel, im Mainzer Sand, im Schwarzwald im Zittauer Gebirge – oder mitten im Berlin und München.

Ich habe die Qual der Wahl, es ist die Quadratur des Kreises: Wer kann denn mit wem gut kuscheln? Die Pflanzen müssen sich verstehen können, sonst hat es keinen Zweck. Die Prämisse ist weiterhin: Alle ex situ (außerhalb der Natur) geretteten Pflanzen sollen nach einer möglichen Katastrophe in situ (also draußen) gedeihen können. Sofern die Bedingungen dann wieder so oder so ähnlich sein sollten wie heute. Berücksichtigung finden demnach häufige und seltene Pflanzen, alles, was ich selbst aus jahrzehntelanger Erfahrung für gut, nützlich und herrlich erachtet habe.

Sortiert habe ich meine ausgewählten Pflanzen zunächst von innen nach außen: Von Ihrer Haustür aus geht es hinaus in die Landschaften. Denn ich will Sie von zu Hause abholen, Sie sozusagen von Anfang an an die Hand nehmen beim Einsammeln – vom Kleinen und Bekannten hinaus zu den größeren bis ganz großen Flächen. Dann nämlich auch von Norden nach Süden, dem Anstieg der Meere folgend. Das wird allmählich erfolgen – so hoffe ich –, und die benötigten Pflanzenanwärter können in Ruhe und ausreichender Anzahl geborgen werden. Sozusagen immer für den guten Zweck.

Als Kind schaute ich den Rettern nach Hofbränden zu, man kommt an Sanitätern nach Unfällen vorbei, selten kann man aber selbst eine Erdkröte, einen Igel oder auch nur einen Schmetterling vorm Überfahren retten. Hier darf ich endlich mal nach Herzenslust retten! Feder spielt den lieben Pflanzengott, oder frei nach Dr. Oetker aus Bielefeld (wo ich aufgewachsen bin, und diese Stadt gibt es wirklich!): »Man nehme ...!«

Diese 111 Pflanzenarten sind also wichtige Kennarten, sozusagen Stellvertreter. Gefeilscht wurde, wie gesagt um jeden Kandidaten, es werden meist zwei je Biotoptyp sein! Eine Sortierung wäre ebenso möglich gewesen nach dem Alphabet oder nach der Systematik der Pflanzengesellschaften, die in der Wissenschaft bei den Wäldern beginnt und bei Äckern, Kleingärten und Garagenhöfen endet. Das ist mir aber viel zu schematisch, zu wissenschaftlich, nicht feen- und federhaft genug, ich bin ja kein Roboter. Eine lange Odyssee (Arche) ist da doch viel poetischer und reizvoller. Eingesammelt wird nach Landung und Strandung. Einzige Bedingung: Darunter befinden sich keine Neophyten, also keine eingewanderten Neubürger ab dem 16. Jahrhundert (ach, wie schade – ich liebe sie!), denn zur Rettung derselben sollten sich andere Archen bemühen. Aber das sagte ich ja bereits ...

DIE 111 PFLANZEN FÜR DIE »ARCHE JÜRGEN«

STREIFZUG DURCH DIE NATUR

ZWISCHEN HÄUSERN, ÜBER WIESEN UND HEIDEN, DURCH WÄLDER, ÜBER BÄCHE …

Inspirierende Begleiter

Wir streifen also zusammen vom Bürgersteig in die freie Landschaft, zwischen Häusern hindurch, über Wiesen, Heiden, Magerrasen, durch Wälder, über Bäche und Flüsse, beachten die Weg- und Straßenränder, die Dämme sowie die nährstoffangereicherten Gebüsch- und Waldsäume.

Dabei halfen mir viele auf meinen (und damit nun auch Ihren) Wegen, sie wiesen mir Richtungen und oft bunte Pfade mitten in der Stadt. Diese »Berliner Schule« um Hildemar Scholz und Herbert Sukopp, die in den 1980er-Jahren das Wort »Stadtökologie« prägten. Sie warben dafür, dass die Stadt als Landschaft entdeckt werden musste. Päpste der Ökologie waren das für mich. Oder in Kassel, wo auf dem Gelände der Henschel-Flugzeug-Werke Professor Dieter Hülbusch sein Wesen trieb.

Mich inspirierte ferner auch Reinhard Bornkamm, einst Professor für Pflanzen-ökologie an der Technischen Universität Berlin, der schon in den 1960er-Jahren aus vielen Städten Deutschlands Pflanzenerhebungen lieferte. All diese Menschen leuchteten mir den Weg, über Bahnhöfe, Brachen, Häfen, Industrieflächen, wo es rostete, stank und triefte. Danach »infizierte« mich Professor Dietmar Brandes, Vegetationsökologe und Pflanzensoziologe an der TU Braunschweig, der dann auch meine Diplomarbeit über 67 Bahnhöfe in und um Hannover betreute. Eine wahre Fleißarbeit, bald täglich war ich 1988 und 1989 dafür per Drahtesel auf Achse – zehn Bahnhöfe hätten doch auch locker genügt … Und immer hatte ich die Frage im Kopf gehabt: Wieso wuchsen die Pflanzen hier und nicht woanders?

Einpacken fürs Rettungsschiff

Nun kommen wir endlich konkret zu den 111 wichtigsten wild wachsenden Pflanzenarten in Deutschland, die ich schließlich ausgewählt habe, um sie auf der »Arche Jürgen« vor dem Untergang zu retten. Der folgende Teil bietet Ihnen ausführliche Standort- und Porträtbeschreibungen dazu.

HEILER DER PLATTENRITZEN

KAHLES BRUCHKRAUT UND ROTE SCHUPPENMIERE

Raus in die Natur

Tritt man hinaus aus der eigenen Haustür, landet man heutzutage eigentlich nie im Misthaufen, in einer Pfütze oder rutscht wie früher einfach so in den Matsch. Auf uns wartet gemeinhin ein befestigter Weg oder ein versiegelter Platz – am besten für die Natur aus unterschiedlichsten Pflastermaterialien oder Beton- und Natursteinplatten. Sofern nicht sogar unbefestigt, sollten so unsere Haltestellen, Parkplätze und Parkstreifen der Zukunft aussehen. Anfallende Niederschläge sind hier so schnell wie möglich abzuleiten, sollen möglichst versickern, so wird eine Trittsicherheit über das ganze Jahr gewährleistet. Schon hier beginnen für mich die ersten Pflanzenwunder – Parkplätze, und sind sie noch so klein, sollte man nie gering schätzen. Was so lebensfeindlich aussieht, ist es nämlich gar nicht!

Es ist ja nun nicht so, dass die Pflanzen sich immerzu fragen: »Boah, wie sieht das hier denn nur aus?« Es ist auch nicht so, dass sie lange lamentieren oder gar resignieren. Nein, könnten sie menschliche Regungen zeigen, würden sich diese wackeren Recken der Pflasterritzen freuen – über uns, über Fußtritte, Fahrräder und Autoreifen. Denn das ist ihre Welt, selbst wenn wir das aus verständlichen Gründen so nicht verstehen können und wollen. Drum hüpfe ich bei meinen Führungen nicht selten vergnügt auf Vogelknöterich, Niederliegendem Mastkraut, auf Kahler oder Blutroter Borstenhirse herum, um zu zeigen, wie gut das ihnen allen nur tut. Denn ganz genau darum sind sie hier, sie empfinden das eher als Freispiel. Woanders hätte man diesen Strategen gar keinen Raum gelassen. Oft fahre ich zu Aldi, Lidl, Netto oder Rewe, nicht etwa, um schnöde einzukaufen, sondern um diese mutigen Kämpfer der Pflasterritzen ausfindig zu machen. Auf alten Bahnsteigen stehe ich nicht, um in den Zug einzusteigen, sondern ich checke ihr Pflanzeninventar ab. Eine manchmal nach Benzin, Öl, Fäkalien und Wohlstandsmüll stinkende Angelegenheit, für mich jedoch alles vernachlässigbar (ob-

Jede Mauerritze kann zum »Wohnort« werden, wie hier für das Kahle Bruchkraut.

wohl ich einen ganz brauchbaren Riechkolben im Gesicht trage, groß ist meine Nase!). Diese Vertreter hier sitzen buchstäblich alle voll in der Klemme, aber das ist ja genau ihr Vorteil, man muss sie nicht bemitleiden. Sie sind einfach da! Oft sind sie einjährig, niedrigwüchsig, sie samen reichlich und überstehen locker längere Durststrecken, wenn Wasser- und auch mal Nährstoffmangel herrscht. Ändert sich das, explodieren sie danach noch einmal, gelangen zu einem zweiten oder gar dritten Leben. Nicht selten ist es sogar ihr Höhepunkt, doch danach erfreuen sie uns noch bis weit in den Herbst hinein. Erste Fröste machen ihrem Treiben aber dann abrupt ein Ende. Sehr häufige Fighter sind: Einjähriges Rispengras, Kronblattloses Mastkraut, Strahlenlose Kamille, Sumpf-Ruhrkraut, Silber-Birnmoos oder Hornschuchs Scheinfransenmoos. Aber nicht minder seltene Trotzköpfe wie Behaartes Bruchkraut, Deutsches Filzkraut, Hirsch-

sprung, Lippenmäulchen. Ein lohnendes Ziel also, selbst für viele Neophyten. Weil hier, an diesen Orten, sich die Welt in stetem Wandel befindet, ein einziges Kommen und Gehen, aus vieler Herren Ländern. Oft auch direkt um Wagenburgen oder wo Fiffy angeleint ist. Immer wieder lande ich hier »Treffer«. Selbst um die das Regenwasser sammelnden Gullys wird man fündig. Gerne mit Tausalzbeilagen aus der Winterzeit.

Und wenn Sie sich mal Ihren Garten anschauen – wie ist es um Ihre Pflasterbeläge auf den Wegen bestellt? Alles in Mörtel verlegt und fest verfugt? Muss nicht sein. Sie können die Steine oder Platten in Sand oder Splitt verlegen. So kann das Regenwasser versickern und Kleinlebewesen haben in den Fugen ein neues Refugium. Je nachdem, wie groß oder klein Sie den Raum zwischen den einzelnen Gehwegplatten lassen, können dort munter Wildkräuter, Gräser und auch Wildblumen gedeihen.

KAHLES BRUCHKRAUT

Herniaria glabra
Familie der Nelkengewächse
(Caryophyllaceae)

Heute viel häufiger als noch um 1980 ist das platt wie eine Briefmarke in Erscheinung tretende Kahle Bruchkraut *(Herniaria glabra)*, standesgemäß in gelblichem Grün. Stets eine Da-gehe-ich-immer-hin-Pflanze. Dieses

Das gelblich grüne Kahle Bruchkraut wächst in Pflasterfugen besonders gut.

eigentümliche Nelkengewächs, von vielen achtlos für belangloses Moos gehalten, habe ich in meinem Leben bestimmt schon 300 Mal fotografiert. Bahnsteige, Laderampen, sandige Wege in Heidelandschaften, ältere Sandgruben und selbst private Pflasterzufahrten werden nicht verschont. Da kann dieser luftig-lustige Pflasterhocker auch mal in Bataillonsstärke auftrumpfen. Das sorgt mancherorts leider für Verdruss, aber liebe Leute: Dieses beispiellose, fünf bis 50 Zentimeter breite Kahle Bruchkraut ist eine flat-

schenartige Zierde, von dem weder Beulen an Karossen, platte Fahrradreifen oder Stolperkanten auf dem Weg zur Haustür ausgehen. Sie können ganz entspannt sein, treten Sie lieber ein paar Meter zurück und beobachten dieses niedliche Gewächs konkurrenzarmer, weil artenarm-lückig bewachsener Zonen. Am besten betrachten Sie es mit der Lupe, denn es besitzt gar keine oder nur sehr kurze Blütenblätter und fällt durch zehn gelblich-grüne Staubgefäße auf. Was sollte diese Art auch mit aufwendigen Blüten, die dann noch Bienen anlocken könnten. Die wären doch durch Tritt auf der Stelle tot. Da reicht bereits die Kraft des Windes zur Verbreitung dieses früher einjährigen, heute hin und wieder zwei- bis mehrjährigen Grüngelblings. Die Klimaerwärmung lässt grüßen, ganze Arten ändern ihren Lebenszyklus, gar ihren Habitus, passen sich den neuen hitzigen, zumindest weniger frostigen Gegebenheiten im Herbst und Winter an.

»*Herniaria*« ist abgeleitet von lat. *hernia* = Leistenbruch, ein Hinweis für die frühere Nutzung dieser Pflanze, vor allem als Umschläge zur Vermeidung von Bruch-Operationen bei Kindern.

Ferner wurde das Kahle Bruchkraut auch noch Christenschweiß, Dürrkraut, Glattes Tausendkraut, Harnkraut, Jungfernkraut, Kuckucksseife, Nierenkraut, Passionsblümchen, Tausendkern oder Tausendkorn genannt. Die Saponine enthaltende (diese selbst produzierten chemischen Substanzen wirken antibakteriell) und sogar essbare Pflanze (schmeckt scharf und etwas salzig) wird wirkungsvoll bei Harnwegsleiden (Blase, Niere) verwendet. Da ist ja nun für jeden etwas dabei, denn hier kommt die Signaturenlehre ins Spiel, nach der man einst meinte, den Gewächsen bereits ansehen zu können, wozu sie gut sind. Und da das Bruchkraut brüchig sein kann, hatte man so ein Mittel gegen Brüche gefunden. Bekanntlich versetzt der Glauben ja ganze Berge.

ROTE SCHUPPENMIERE

Spergularia rubra
Familie der Nelkengewächse
(Caryophyllaceae)

Nicht nur ich, sondern auch die noch häufiger auftretende Rote Schuppenmiere *(Spergularia rubra)* mit ihren von Mai bis Oktober hübschen fünf Blütenblättern und fünf etwa gleich langen Kelchblättern, hält viel vom Kahlen Bruchkraut. Es sind beides kleinwüchsige Nelkengewächse, sozusagen Schwestern (oder Brüder) im Geiste, zumindest schon mal sehr eng verwandt.
Blut ist eben dicker als Wasser, daher kann man die beiden Pflanzen am Boden, gern fischgrätartig aufgebrezelt, nicht selten zusammen an einem Platz beobachten. In einem wunderbar, mich immer wieder verzückendem Kontrast: das vitale Gelbgrün des Bruchkrauts zum eher tristen Grau, aber mit koketten, hellviolett gefärbten Blütchen der Roten Schuppenmiere.
Wie Schuppen fällt es einem von den Augen, wenn man diese Schönheit unter einer guten Lupe betrachtet. Man möchte gar nicht mehr weg. Einfach viel zu niedlich. Vor allem, wenn sich da dann 20, 30, ja 40 Blüten einer am Ende sehr flach ausgestreckten, bis 30 Zentimeter breiten Angelegenheit entwickeln. Neben Äckern, Bahn- und Gehsteigen, aufgelassenen Fischteichen, Hauseinfahrten, Heidesandwegen, Marktplätzen, sandigen Weideeingängen, salzbeeinflussten Straßenrändern, Sandgruben, Wohngehsteigen, lückigen Scherrasen und Industriegebieten verschließt sich jene Blinzelpflanze auch nicht vor Autobahnrastplätzen. Wer denn

so breit aufgestellt ist wie die Rote Schuppenmiere, der muss sich wirklich keine Existenzsorgen machen. Sie gedeiht sogar dort, wo immer heißere und trockenere Sommer ihr noch voll in die Karten spielen. Aus diesem Grund wächst dieses Pflänzlein selbst auf Korsika oder Mallorca. Nur Kalk wird verabscheut, Tritt dagegen ist unbedingt förderlich. Sieht die Rote Schuppenmiere vor allzu großer Hitze aber mal rot, ebenso bei Regen, schließt sie kurzerhand ihre Blüten und harrt in diesem Zustand auf bessere Bedingungen hoffend aus. Bei Regen kleben die Samen, so kommt diese doch etwas insistierende Rote Schuppenmiere, oft Spärling genannt, gut voran. Zum Überleben benötigt sie unbedingt uns Menschen und Tiere. Geben wir ihr daher hier eine Chance.

Die Rote Schuppenmiere wird auch Acker-Schuppenmiere genannt, weil sie – neben anderen Orten – eben gern auf Äckern wächst.

HAUSRASEN-HOCKER

AUSDAUERNDES GÄNSEBLÜMCHEN, KLEINES HABICHSKRAUT UND FELD-HAINSIMSE

Raus in die Natur

Die Überleitung zu unserem Hausrasen fällt ganz leicht, meist finden wir ihn ja direkt neben Hecken, an Wegen und Pflasterplätzen hin zur Straße. Denn auch sie besitzen eine nicht zu unterschätzende Funktion als Rückzugsraum für allerlei Pflanzen. Rasenflächen, ob gedüngt oder nährstoffarm, ob sandig oder lehmig, ob besonnt oder stark beschattet – sie decken ab, hemmen die Erosion, sind dauerhaft im Jahresverlauf grün (wenn es gut läuft), leuchten also sommers wie winters und sind obendrauf strapazierfähig. Rasenflächen sind also unsere dichten Teppiche unter freiem Himmel, die grünen Matten anthropogenen (durch Menschen beeinflussten) Ursprungs. Oft sind sie artenreich, allerlei Moose bezeugen das schon von weitem – wenn ich da doch nur überall hinkäme ... In Parks ist das der Fall, auf Friedhöfen, Schulhöfen und Sportplätzen, dort, wo Heißluftballons, Flugzeuge und Hubschrauber landen und starten, an Rodelbergen und auf Spielplätzen, selbst auf

Kasernen- und Kraftwerksgelände, um Plattenbauten und sonstigen Geschoßwohnungskomplexen. In Berlin, Hamburg, Köln oder München, fast in jeder Kleinstadt und sogar im Dorf sind Rasenflächen oft die letzten (ungedüngten) Rückzugsorte für allerlei Grünzeug mit ihrem dazu passenden Getier im Schlepptau.

Nur wie gelingt es uns, dass sich ein solch wilder Rasen breitmachen kann? Ganz einfach: nichts tun oder viel weniger tun, viel später abmähen, Moose tolerieren. Bloß nicht vertikutieren oder gar düngen oder neu ansäen. Im Gegenteil: Seien Sie doch endlich mal faul, hier dürfen Sie das, warten Sie gespannt darauf, was sich da ohne große Eingriffe zum Blühen aufmacht.

Unvergessen ist für mich da ein Erlebnis von vor fast 30 Jahren. An einem alten Gartengrundstück am Bremer Stadtrand wurde ich im April am Fuß einer alten Buche weniger Schwarzer Teufelskrallen gewahr. Am Rand eines moosreichen Scherrasens, von seinem Besitzer immer achtlos und viel zu früh abgemäht. Ich klingelte, erläuterte den Sachverhalt ... Und heute? Über tausend in tollstem Dunkelviolett blühende Teufelskrallen erfreuen alle alljährlich von nah und fern. Sie sind auch noch von einer breiteren Straße aus einsehbar. Fast jedes Jahr mache ich dort ein paar Fotos – es gibt inzwischen vor lauter Moos fast kein Gras mehr. Und der Besitzer nickt mir nur noch freundlich-lässig von seiner Terrasse herüber zu.

Nicht dass Sie mich jetzt falsch verstehen, das Mähen ist schon wichtig und Grundvoraussetzung für unsere »Rasenpflanzen«! Sie sind darauf erpicht, geschnitten zu werden, um danach kräftig zu den Seiten auszuschlagen, sich auszubreiten, Lücken zu schließen, richtig dicht zu machen. Das ist ihre Welt, darauf warten sie, können gar nicht anders. Aber fast überall holt man viel zu früh den Rasenmäher heraus, selbst auf Friedhöfen wird schon Ende März das erste Mal alles runtergeputzt. Ärgerlich ist das, wo doch alle Welt aufs erste zarte Grün, auf erste Blümchen wartet, auf die ersten Bienen. Also: Mähen Sie möglichst erstmals im Mai. Und nach weiteren zwei-, dreimal haben Sie bereits mehr oder weniger das Jahr geschafft. So sind Sie auch entspannt und nicht gehetzt, können sich sogar aufs Rasenmähen freuen, sind nicht genervt, weil Sie schon wieder Ihren Feierabend opfern müssen oder Ihren »geheiligten« Samstag.

Und was dann alles aus dem Rasen sprießt! Kaum zu glauben! Pilze, Moose, die vielfältigsten Pflanzen. Alle kommen zu Ihnen in den Garten, Sie müssen gar nicht so weit fahren, um Diversität, also Vielfalt, zu erleben. Kleine und große Freuden werden Ihnen geschenkt. Die kleinen liegen häufig im Verborgenen, die erkennen Sie erst auf den zweiten Blick. Und gießen Sie Ihren Rasen nicht zu oft. Je weniger er Wasser bekommt, umso mehr müssen sich die Wurzeln der einzelnen Gräser und Pflanzen anstrengen und in die Tiefe wachsen. Das

haben sie nicht nötig, wenn ihnen alles auf dem Silbertablett serviert wird. Und überhaupt: Denken Sie bei Rasenflächen an ihre luftbefeuchtende Wirkung, an ihre Wasserhaltekraft, an den Lebensraum für Regenwürmer und an den – ja, ja, ganz richtig – für Maulwürfe. Auch das Vorkommen der Regenwürmer ist stark rückläufig. Sie gehören mit zur Biodiversitätskrise und leiden unter stark verdichteten Böden. Dabei sind diese Würmer die perfekten Umgraber. Mit ihren unterirdischen Gängen sorgen diese für

Das Kleine Habichtskraut wird auch Mausohr- oder Langhaariges Habichtskraut genannt.

eine gute Bodenbelüftung. Außerdem verwerten die blinden Gartenhelfer auch organisches Material im Boden und verdauen es zu kostbarem Dünger. Eine hohe Anzahl Regenwürmer im Gartenboden sorgt deshalb für eine bessere Bodenqualität.

Und Maulwürfe sind ebenso nützlich, sie vertilgen Unmassen von Schädlingen und lockern ebenfalls den Boden auf. Wo sie sind, ist der Boden gesund. Das ist ein gutes Zeichen. Sehen Sie Maulwürfe deshalb bitte nicht mehr als Plage an.

Sie können auf Ihrem Rasen auch Obstbäume wachsen lassen, mit einigen extensiv gepflegten Inseln aus Hochstauden, Rosen oder früh im Jahr blühenden Zwiebelpflanzen: Elfen-Krokusse, Gelbstern-Arten, Winterlinge, Wilde Tulpe oder auch ein paar Lauch-Arten seien Ihnen hier empfohlen. Damit hätten Sie in Ihrem eigenen Grün schon etwas für die Artenvielfalt und damit für uns alle getan.

AUSDAUERNDES GÄNSEBLÜMCHEN

Bellis perennis
Familie der Korbblütler
(Asteraceae)

Ehrenpreise, Fingerkräuter, Hornkräuter, Kleine Braunelle, Kleiner Pippau, Wegeriche oder die vielen verschiedenen Löwenzähne seien im Gedränge eines wild wachsenden Rasens nur am Rande vermerkt. Mir geht es hier vor allem um das so maßgeschneiderte Ausdauernde Gänseblümchen *(Bellis perennis).* Ganz sicher die Starpflanze eines jeden anständigen Hausrasens, auch Scherrasen genannt. Eine Pflanze der Kindheit, ein Drängler, irgendwie stets zur Stelle, fast motzig, das »Ausdauernde« lernte ich erst später, Bellis, die Schöne, dann noch später. Diese weißen Augen im immergrünen Rasen, betriebsam selbst noch zur Weihnachtszeit, ja das ganze Jahr über fleißig auf Achse. Mit fast drei Zentimeter breiten Blüten an blattlosen Stängeln fuchtelt sie mutig ein paar Zentimeter über der Grasnarbe, selbst wenn Schnee liegt. Ein erfrischend geselliger, fast geschwätziger Vertreter – man glaubt unbenommen, die vielen Blüten quatschten und tratschten ständig miteinander. Die Art muss mit in die Arche, wer weiß, wozu sie noch dienlich sein kann.

Denn: Über die Attraktivität des Gänseblümchens hinaus kann man diese Pflanze, sie auch Augenblümlein, Maßliebchen, Monatsröserl oder Tausendschön(chen) genannt wird, essen. Im Salat und in Suppen ist sie appetitanregend und würzend (sie schmeckt leicht bitter). Die Blüten lassen sich wie Kapern in Essig, Öl und Salz einlegen und entsprechend wie diese in Gerichten verwenden. Als Heilmittel wirken Tees aus dem Gänseblümchen leicht abführend, dazu schleimlösend bei Husten und Bronchitis. Umschläge aus dieser Pflanze mit zerquetschen Blätter helfen bei Haut- und Leberleiden. Das wäre schon mal eine gute Apotheke, die man da auf der Arche deponieren kann. Und bei einem Neustart sollte man das Gänseblümchen keineswegs verachten. Außerhalb des Rasens ist die Hübsche ebenso auf Weiden und Wiesen zu finden, wobei sie Weiden viel lieber mag als Wiesen, da geht sie nämlich schnell mal verloren oder verkümmert, führt ein Restdasein an alten Weideeingängen oder unter noch verbliebenen Zäunen. Feste Tritte von Rindern oder Schafen werden jedoch bejubelt, denn solche physischen Herausforderungen vertragen nur wenige Mitbewerberinnen. Gänseblümchen mögen übrigens auch keine zu trockenen oder zu nassen Standorte, in der Regel bevorzugen sie besonnte, gerne humose und nährstoffreiche Plätze.

KLEINES HABICHTSKRAUT

Hieracium pilosella
Familie der Korbblütler
(Asteraceae)

Auf weniger gedüngten, deshalb oft moosreichen und etwas lückiger bewachsenen Scherrasen steht oft das Kleine Habichtskraut *(Hieracium pilosella),* welches man das ganze

Die hübschen weißen Blütenblätter des Gänseblümchens umkränzen das dottergelbe Zentrum.

Jahr über identifizieren kann. Nicht wie das Gänseblümchen an den Blüten, sondern hier an famosen Blättern. Ein besonderer Schmuck sind nämlich diese länglich-ovalen, stark mit weißen Borstenhaaren versehenen blaugrünen Kreationen. Deren weiß-silbrige Unterseiten werden bei Hitze zwecks Lichtreflektion nach oben gedreht – die Pflanze bewegt sich also tatsächlich. Wird es wieder feucht, kehren die Blätter in ihr Ursprungsstellung zurück. Bleibt es dagegen weiterhin zu heiß und trocken, brechen sie letztendlich ab. Dann zählen nur noch die Wurzeln, dann zählt einzig und allein die Arterhaltung, das pure Überleben im noch so trockenen Rasen. Dieser Korbblütler mit den oberirdischen Ausläufern, der auch auf Felsen und in Magerrasen, auf Heidewegen und oberen Grabenkanten kampiert, brilliert von Mai bis Juni, vereinzelt noch bis in den Oktober hinein, mit zitronengelben Blüten. Oft in großer Zahl, bis drei Zentimeter breit, leicht eitel, an filzigen und blattlosen Stängeln. Da das Habichtskraut nur 15 Zentimeter Höhe schafft, ergeben sich daraus bei Sonnenschein die schönsten Gelb-Teppiche.

Ich ärgere mich jedes Mal grün, wenn Gartenbesitzer stumpf und ohne Gnade mit ihren völlig überdimensonierten Aufsitzmähern solchen Blütenwundern zu Leibe rücken. Sehen sie nicht, was sie da zerstören, hören sie den Diskussionen in den Medien nicht zu, ist es Provokation? Ich verstehe diese Art von Menschen nicht. So viele kann ich im Alltag gar nicht ansprechen, wie es davon gibt. Und oft genug werde ich inzwischen sogar bedroht, wenn ich das tue. Das ist nicht einfach zu verstehen.

Dem wackeren Kleinen Habichtskraut macht all das nichts, es wuchert einfach weiter. Aber den vielen Insekten wird auf diese Weise, wenn auch meist nur kurzzeitig, eine tolle Nahrungsquelle genommen.

Übrigens habe ich im Frühjahr 2019 in Bremen auf absolut alten und nährstoffarmen Klein-Habichtskraut-Rasen einer ehemaligen Kaserne gleich vier Wildbienen nachgewiesen: die Gemeine Wildbiene, die Braune Wildbiene und die Weidensandbiene sowie einen Parasiten, die Rothaarige Wespenbiene. Das sollte nun doch alle hier von diesem Pflanzen-Clown überzeugen.

Die gelben Blütenköpfchen des Kleinen Habichtskrauts bestehen aus goldgelben Zungenblüten, die außen rote Streifen tragen.

FELD-HAINSIMSE

Luzula campestris
Familie der Binsengewächse
(Juncaceae)

Wesentlich weniger prominent, da vielfach kaum wahrgenommen, kreuzt die niedliche Feld-Hainsimse *(Luzula campestris)* auf. Sozusagen ein Vorkämpfer für das Kleine Habichtskraut – mit langen, unterirdischen Ausläufern, gerne an ähnlichen Standorten wie das Habichtskraut.

Schon ihr volkstümlicher Name »Hasenbrot« lässt auf ein eher schlichtes Gemüt und auf magere Standorte schließen. Die alten Bezeichnungen »Feldmarbel« oder »Gewöhnliche Marbel« machen die Sache auch nicht wirklich besser.

Die Feld-Hainsime ist also eine Hungerkünstlerin, erbarmungswürdig und fast lächerlich, ein Mauerblümchen, äh, Mauergräslein, eine Ulknudel ohne viel Aufhebens, mehr ein nervöses Hemd. Dem Bauern auf meistens trockenen Böden war sie daher schon immer ein Dorn im Auge, und so ist sie heute auf den so gedüngten Wiesen verschwunden. Doch in den moosreichen und stickstoffarmen Hausrasen unserer Siedlungen ist sie ein noch häufiger Begleiter. Bereits Ende März zeigen sich schmucke weiß-gelbliche Staubgefäße in bräunlichen Spirren, einer Rasselbande gleich in ovalen bis kreisrunden Teppichen. Durch ein dichtes Wurzelwerk schon gut zu sehen an der andersartigen, nämlich bronzefarben-braunen Tönung im Vergleich zum übrigen Rasen. Gemäht werden kann dieses meist nur bis 15 Zentimeter hohe Unikat so oft wie möglich, ein unschätzbarer Vorteil. Es benötigt eh den Wind zur Ausbreitung seiner staubigen Ergüsse. Und je stärker die Belastung ist, umso geringer ist dann der Konkurrenzdruck durch andere, womöglich allzu drängelige Mitbewerber. Die grasartigen Blätter sind wie die Stängel lang und weiß-bärtig behaart. So trotzt die Feld-Hainsimse – es handelt sich bei dieser Pflanze um ein Mitglied der Familie der Binsengewächse *(Juncaceae)* – der Sonne und auch hungrigen Mäulern, sofern diese die zur Blütezeit so entzückende Pflanze überhaupt am Schlafittchen erwischen. Kinder aßen früher die süßen Blüten und Samen, volksmedizinisch wurden damit sogar Gallen- und Nierensteine behandelt.

Die Feld-Hainsimse zeigt bereits Ende März einen aus mehreren kugelförmigen Köpfchen zusammengesetzten Blütenstand, eine Spirre.

AN MAUERN VORBEI

MILZFARN UND BRAUNSTIELIGER STREIFENFARN

Raus in die Natur

Und weiter geht es, vorbei beispielsweise an Mauern, für mich schon seit jeher wahre Herzensangelegenheiten. Bereits als Kind sah ich diese oft moos- und flechtenreichen Hofmauern im Ostwestfälischen, in Bielefeld, um genau zu sein. Ja, diese Stadt gibt es wirklich am Teutoburger Wald, ich schwöre es beim Teutates, selbst wenn einige Mitmenschen sich darüber immer noch einen Scherz erlauben. Wir versteckten uns seinerzeit hinter Mauern, kletterten darauf herum und nutzten sie beim Besteigen alter Apfel- oder Kastanienbäume.

Lang, lang ist es her, vom hohen Bio-Wert des Sonderbiotops »Mauer« für Tiere und Pflanzen bekam ich jedoch erst später etwas mit. Von diesen vertikalen Strukturen, freistehend oder stützend, vor und um Burgen, in Gärten, Klöstern und Schlössern, an Bahnhöfen, Flüssen oder in Parks, in Gestalt von Brücken oder Schleusen, als Einfriedungen von Fried- und Kirchhöfen, von Gefängnissen und Kasernen oder einfach nur so zur

Zierde. Natürlich aus Ziegelsteinen oder als Trockenmauern aufgeschichtet, sie sind zweifellos zweite oder auch mal dritte Blicke wert. Jedenfalls sind Mauern ein gliedernder und ordnender Bestandteil in unseren Dörfern oder Städten, wo Platz und Raum schon immer knapp, steinerne Begrenzungen also unverzichtbar waren.

Dabei heißt es hier, die eigentliche Mauer von Mauerkopf und Mauerfuß zu unterscheiden, alles höchst unterschiedliche Biotöpchen abseits der großen Bekanntheit und der Wahrnehmung. Mal sind sie nährstoffarm, mal (meist) nährstoffreich, dann wieder schattig bis extrem besonnt, staubtrocken bis hin zur Gischt nahe von Fließgewässern, mal bemoost und verflechtet, mal basisch-kalkreich bis ganz kalkarm-sauer, mal frei oder mal dünn übererdet. Das sind die wirklichen »Kerle« der Botanik: wer hier Fuß fassen kann, sich einmischt, sich einwurzelt und auch noch entzückend blüht. Mit Samen und Sporen oft sehr lange wartend oder vom Winde verweht, bis die Fuge ganz allmählich

Der Braunstielige Streifenfarn liebt schattige Ziegelsteinmauern. Hier kann er richtig Fuß fassen.

doch aufbröckelt – wie ich doch schlampig arbeitende Mauerer von ganzem Herzen liebe! Dagegen sind diese geleckten Mauern völlig öde, die bloß keinen Vorsprung bieten, selbst bei Flechten und Moosen geht schon manchem Mitmenschen der Hut hoch. Warum eigentlich? Sie stechen nicht, verbeulen nichts, man kann über sie nicht stolpern, man kann sie nur bewundern. Und wie alt und treu sie dabei noch sein können. Ewig lang hocken sie da und besetzen diese für uns als lebensfeindlich erachtete Welt. Aber von wegen, wie schön sind doch die vielen grün-bunten Mauern im Mittelmeergebiet, in Westeuropa oder auf den Britischen Inseln. Von dem bei uns überschaubaren Ensemble der echten Mauerpflanzen, mit Gelbem Lerchensporn und Mauer-Zimbelkraut, haben sich zudem zwei bei uns schon seit langem fest eingebürgerte Neophyten südlicher Gefilde eingefunden. Aber nicht nur: Mauern sind auch Orte für Buchenfarn,

Eichenfarn, den Gewöhnlichen Tüpfelfarn, für Hirschzunge, Ruprechtsfarn, für den Zerbrechlichen Blasenfarn (gern an Ortsmauern der Bäche, Flüsse und Weiher), für Dorn-, Frauen- und Wurmfarne sowie nicht zuletzt für den seltenen Schwarzstieligen Streifenfarn (ihn fand ich schon an allerlei künstlichem Gestein). Einige Nährstoffzeiger der Mauerfüße bringe ich Ihnen noch später nahe, bei Arten der Mauerkronen wie Färber-Kamille, Feld-Beifuß, Platthalm-Rispengras, Scharfer Mauerpfeffer, Steinbrech-Felsennelke oder Taubenkropf-Lichtnelke muss ich Sie auf andere Gelegenheiten vertrösten. Und überhaupt: Haben Sie schon mal daran gedacht, aus Bruchsteinen im Garten eine kleine Mauer zu schichten, so ganz ohne Mörtel und mit unterschiedlichen Spalten? Da können sich bestimmte Arten einnisten, aber so ein kleines Bauwerk wäre auch ein Unterschlupf für so einiges Getier, etwa Käfer, Spinnen oder Eidechsen.

MILZFARN

Asplenium ceterach
Familie der Streifenfarngewächse
(Aspleniaceae)

Der grandiose Milzfarn *(Asplenium ceterach,* früher *Ceterach officinarum),* häufig Schriftfarn genannt, lief mir lange Zeit nicht über den Weg. Der fehlte als westeuropäisch bis mediterran verbreiteter Farn in meiner näheren Umgebung. Diesen fünf bis 20 Zentimeter langen, wintergrünen Farn bekam ich erstmals im gar nicht so mediter-

ranen Landkreis Cloppenburg zu Gesicht – in West-Niedersachsen. Ein Gedicht! An der Kirchhofmauer in einem Dorf namens Lindern, 1993 war das, fast wäre ich vom Fahrrad gefallen! So etwas Schönes, damals entdeckte ich zwei Exemplare, inzwischen sind es drei, es waren aber auch schon mal vier. Sie sehen also, da pilgere ich immer noch hin, quasi zurück zu den Wurzeln. Und das, obwohl ich 2017 am Elbe-Seitenkanal in Ost-Niedersachsen südöstlich von Hamburg im Steinschotter 66 Pflanzen gefunden hatte. Es waren die bis heute nördlichsten Vorkommen auf dem europäischen Festland!
Manche Arten laufen mir regelrecht nach, so wie dieser dunkelgrüne, fast ledrige Seestern von Farn mit seinen hell- bis dunkelbraunen pelzigen Blattunterseiten. Sie werden bei anhaltender Trockenheit flugs nach oben gewendet, eingerollt und gegebenenfalls sogar ganz abgeworfen, wenn die Hitze zu groß ist. Der Farn ist in dieser Hinsicht ein Armuts- und Ausdauerkünstler, der zwischendurch sein Wachstum sogar völlig einstellt. Um dann bei erneuter Feuchtigkeit einfach aus dem innersten Wurzelstock neu auszutreiben. So lässt er sich auch im sommerheißen Mittelmeergebiet nicht entmutigen, wo er im Bergland auf nahezu jeder Weiderandmauer und oben in den natürlichen Felsen sein Dasein fristet. Klar, dass er bei uns vor allem in Südwest-Deutschland heimisch ist, obwohl ich ihn dort bisher noch nie sah. Dieser Milzfarn wurde wegen seiner milzähnlichen Blattlappen – hier grüßt wieder die Signaturenlehre – gegen Milzkrankheiten, aber ebenso bei Blasenleiden verwendet. Er war also offizinell, das heißt medizinisch, verwendbar. Wenn das kein Kandidat für die Arche ist ...

Die am Blattrand etwas hervorstehenden Spreuschuppen der Unterseite verleihen den Wedeln des Milzfarns einen leicht silbrigen Saum.

BRAUNSTIELIGER STREIFENFARN

Asplenium trichomanes
Familie der Streifenfarngewächse
(Aspleniaceae)

Vom Braunstieligen Streifenfarn *(Asplenium trichomanes)* existieren bei uns vier schwer unterscheidbare Unterarten. Sippen nennen wir Fachleute das. Die häufigste Sippe hat es als echter Kulturfolger bis weit nach Norden geschafft, ein echtes Alleinstellungsmerkmal meist schattiger Mauern. Denn natürliche Felsen gibt es hier nicht.

Wie der Milzfarn erscheint der Braunstielige Streifenfarn wie ein dunkelgrüner Seestern mit bis zu 20 Zentimeter langen (selten bis zu 35 Zentimeter), sehr dekorativen Wedeln, die altem Gestein oft ganz flach und somit kontrastreich aufliegen.

Dieser Farn artet regelrecht aus, er liebt das Feuchte, das Luftfeuchte. Daher findet man ihn oft in Klammen, am gemauerten Bachbett, auch mitten in Dörfern und Städten, eher an Nord- und Ostseiten von Mauern als an Südrändern. Alte Friedhofsmauern zählen ebenso zu seiner Heimstatt – in Berlin, Emden, Hamburg, Bremen und Bremerhaven werden alte Kaimauern bezirzt, woanders alte Schleusengemäuer. Dieser Farn ist eine botanische Rarität, je weiter man nach Norden und Osten kommt.

Streifenfarn oder auch Strichfarn wird er deshalb genannt, weil die Sporenhaufen unter den Blättern nicht klumpenartig gehäuft sind (in sogenannten Sori), sondern strichartig verteilt daherkommen. Mal unterschiedlich dick, mal verschieden gefärbt, mal unterschiedlich lang.

Für mich ist der Braunstielige Streifenfarn einer der schönsten Farne, einer meiner persönlichen Influenzer, im Volksmund Rosshaarfarn genannt. Seine Mittelrippe ist

Eine Unterart des Braunstieligen Streifenfarns, *Asplenium trichomanes* subsp. *quadrivalens*, mit seinen zauberhaften Blättchen.

nämlich dick und braun wie ein Pferdehaar, dieser Name passt fast noch perfekter. Er verzückt dabei so sehr, dass man ihn schon seit Langem für Steingärten kaufen kann. Wo er sich jedoch nur selten lange hält. Die Natur lässt sich eben nicht übertölpeln. Geld und Mühen sollte man sich also sparen, und das nicht nur hier ...

AM WEGRAND

GEWÖHNLICHE WEGWARTE, FELD-MANNSTREU, ACKER-FEUERLILIE UND KAMM-WACHTELWEIZEN

Raus in die Natur

Bunte Wegränder bieten mir als eingefleischtem Fahrradfahrer bereits über Jahrzehnte die deutsche Artenvielfalt feil. Also schon von Anfang an – wie auf dem Silbertablett präsentiert. Da konnte man nach Herzenslust lernen, üben, trainieren und behalten – vom 1. Januar bis zum 31. Dezember. Jahreszeiten braucht es da nicht, dort wird einem ständig etwas geboten. Diese so wichtigen Saumbiotope, oft linear über Kilometer mit allen nur möglichen positiven wie negativen Einflüssen, mit hoher Dynamik bis zu jahrelangem Stillstand, sozusagen von himmelhoch jauchzend bis zu Tode betrübt.

Wobei Letzteres kaum die Regel ist, diese Pflanzen hier sind extrem hart im Nehmen und verschwinden nicht gleich bei erstbester Gelegenheit. Ganz im Gegenteil, sie warten und benötigen geradezu diese Störungen – mäßig, aber regelmäßig. Das ist ihr Ding, ihr Überlebenselixier, kein Wegrand nämlich ohne Beeinträchtigung. Das haben diese Gewächse mit denen der Pflaster- und Plat-

tenritzen gemein. Arten- wie blütenreiche Wegränder dürfen nur nicht zu sehr vergrasen oder gar verbuschen, sonst ist es rasch vorbei mit der Pracht oft kleinwüchsiger, zunächst krautiger Geschöpfe.

Wahre Terrier sind dabei, echte Wadenbeißer, bedornt oder drüsig behaart, einige Narzissten spielen hier aber ebenfalls mit. Und aus diesem Heer, aus dieser Phalanx kann ich mich kaum entscheiden, zu groß ist die Auswahl. Zumal viele nun infrage kommende Gesellen auch in anderen Lebensräumen existieren.

Trotzdem bleiben ausgemachte Schönlinge wie beispielsweise Acker-Hornkraut, Acker-Witwenblume, alle Labkräuter, Nelkenwurze, Mauerpfeffer, Odermennige, Pestwurze, Skabiosen, Steinbreche und viele Distel-Künstler völlig ausgesperrt. Da geht es ihnen wie einst meinem Hund Purzel vor dem angestammten Fleischerladen.

Wegränder sind vielerlei Ansprüchen und Widrigkeiten ausgesetzt. Sie werden regelmäßig gemäht oder zumindest randlich befah-

Die Gewöhnliche Wegwarte mit ihren blau-violetten Blüten ist eine wahre Schönheit.

ren oder betreten. Die Nährstoffe gelangen von drei Seiten heran – von oben, vom Weg selbst und von benachbarten Flächen, oft Feldern, Wäldern, Weiden und Wiesen. Hier wird mal was abgelagert, gepflanzt und wieder gerodet, mal ein Rohr verlegt, mal buddelt ein Tier, und dann wird wieder ein naher Graben ausgebessert. Hier ist also permanent etwas los, hier tobt der botanische Bär. Wüchsigkeit, aber ebenso eine schnelle Reaktion der Arten sind an Wegrändern gefragt. Im Boden schlummernde Samen müssen schnell die Flucht nach vorn ergreifen und auflaufen, denn wer zuerst kommt, der malt zuerst.

So ist das auch in der Natur. Ein ständiges Gerangel, seit Langem schon, dauernd geht es ums nackte Überleben: Wer ist der Schwä-

chere, wer ist der Stärkere, und wer bleibt ganz zuletzt übrig? Stärker belastete Wegsäume besitzen oft mehr einjährige Arten, die Annuellen. Bei Beruhigung gewinnen mehr die ausdauernden Strategen, die perennierenden Pflanzen, die Oberhand.

Der Mensch unterbricht nur immer diese Sukzession, diese natürliche Abfolge vom zunächst Konkurrenzarmen hin zum am Ende Konkurrenzstärksten. Bis die Gehölze, bis Sträucher und dann Bäume alles Vorherige ablösen und es letztendlich auch längs von Wegen zu einem weitgehend stabilen Ensemble kommt. Ich bin eher für Ersteres, denn das bedeutet Artenreichtum, am Ende bestimmen nämlich nur noch wenige das Gesicht am dann ungestörten Wegrand. Darum habe ich stets meinen Kneifer oder meine Säge im Gepäck, um einzugreifen, um gegebenenfalls Umweltpolizist zu spielen, um einfach nur zu retten. Dann helfe ich Bedrängten aus der Patsche, knicke ab, rupfe frei, schneide frei, ich habe sogar schon mal was weggebissen ...

Das ist dann der Fall, wenn sich mal wieder schnellwüchsige Hänge-Birken oder auch Wald-Kiefern, eine vorlaute Hunds-Rose oder die unverwüstliche Schlehe an »meinen« Pflanzen – Acker-Steinsame, Englischer Ginster, Feld-Kresse, Kahle Gänsekresse oder Teufelsabbiss – vergriffen haben und diese nur noch nach Luft schnappen.

Die Gewöhnliche Wegwarte ist eine bekannte Heil- und Kulturpflanze. Früher wurden ihre Wurzeln als Kaffeeersatz verwendet.

GEWÖHNLICHE WEGWARTE

Cichorium intybus
Familie der Korbblütler
(Asteraceae)

Wahre Jubelstürme kann bei mir die Gewöhnliche Wegwarte (*Cichorium intybus*) auslösen, ein Märchen in Blau, vor allem vormittags, von Ende Juni bis noch – wennnicht vorher manchmal abgemäht – Anfang November. Auch Gewöhnliche Cichorie, Wilde Endivie oder einfach Zichorie genannt. Eine ausdauernde Art bis 1,5 Meter Höhe und mit ausgeprägter Kampfeslust. Trotzt nämlich dem Tritt und durch ihre harten Sprosse sogar den Schneidewerkzeugen der Mäher – danach richtet sie sich oft mir nichts, dir nichts wieder auf! Kurze Zeit später hat man dann den Eindruck, dieses pompöse Asterngewächs mit bis zu vier Zentimeter breiten Zungenblütentellern beherrscht nun ganz alleine die Szenerie. Eine überaus volkstümliche Pflanze, ich kenne niemanden, der diese Pflanze nicht verehrt. Ein Muss also für die Arche.

Die Wurzeln wurden früher geröstet und gemahlen als Kaffeeersatz genutzt – als Muckefuck beziehungsweise Blümchenkaffee. Die jungen Blätter (die älteren schmecken zu bitter), ergeben einen feinen Salat. Salat-Zichorie gleich Chicorée. Für mich kommt das aber heute nicht in Frage, wo diese Art im Westen bis Norden gebietsweise stark rückläufig ist. Die Gewöhnliche Wegwarte ist ein ausgeprägter Basen-, Bodenverdichtungs-, Lehm-, Licht- und Nährstoffzeiger. Überhaupt kein Ritter der traurigen Gestalt, sondern ein richtiger Wärter an Wegen und Straßen, am Rand von Brachen, Grünland und Gräben. Eine Blüte erlebt nur einen einzigen Tag, einzig bei Bewölkung kann man das Schauspiel bis in den frühen Abend verfolgen. Oft sind die Pflanzen mit

Der Feld-Mannstreu siedelt sich bevorzugt in den Tälern großer Flüsse an wie etwa der Elbe, dem Rhein oder dem Main.

FELD-MANNSTREU

Eryngium campestre
Familie der Doldenblütler
(Apiaceae)

Gar nicht zimperlich mit sich und anderen ist auch der Feld-Mannstreu *(Eryngium campestre),* eine silbrige Eminenz, ein exorbitanter Vitalis, der einem zunächst Rätsel aufgibt. Denn was soll man im Frühjahr von diesen dermaßen vielgestaltigen Grundblättern halten, die zwar schon in der richtigen Farbe daherkommen, aber sich von ganzrandig bis stark gesägt, von gestielt bis noch völlig am Boden sitzend präsentieren? Das ist schon eine enorme Bandbreite. Später ist der Feld-Mannstreu ein stark disteliges Ding, ausdauernd, undiplomatisch und ein Steppenroller bis 70 Zentimeter Höhe, eine Art Kugelblitz, immer sparrig zu allen Seiten verzweigt. Da geht bestimmt keiner hin, selbst noch nicht einmal ganz am Ende und längst verweht. Sonne, Tiere, Menschen – niemand kann ihm etwas anhaben, wehrhaft bis schmerzhaft ist der Feld-Mannstreu. Vor allem im Osten und Süden Deutschlands kommt er vor, am liebsten mit Kalk und Gestein, gerne in Hanglage, am besten bei Hitze, Wind und Wetter. Er ist eine sogenannte Stromtalpflanze, ergo im geschützten Raum der großen Flüsse und Ströme zu Hause. Also ist er doch etwas empfindlich, nämlich dann, wenn die Wärme fehlt und die Basen rar sind. Eine perfekte Art für den Trockenstrauß, hält eben ewig. Drum sieht man Reste davon noch lange im nächsten Jahr. Früher wurde der Feld-Mannstreu als Heilpflanze genutzt, gepriesen wurde seine

vielen Blüten gleichzeitig unterwegs, vor allem in sommertrockenen Gebieten. Dann erspielt sich die Gewöhnliche Wegwarte ihren (Über-)Lebensvorteil. Ich selbst kenne diese sofort einprägsame Pflanze mit viel Tiefgang – ihre Pfahlwurzel dringt bis einen Meter in den Boden – noch gar nicht so lange. Erst mit 24 Jahren nahm ich diese Leuchterblume östlich von Hannover wahr. Wie sie ihre zahlreichen Blütenräder fast akrobatisch bis wagemutig an ihren Stängeln anheftet – da kann sie selbst noch anthropogen (durch übermäßige Mahd) oder zoogen (durch »ewigen Verbiss« der Tiere) völlig verstümmelt in den letzten Seilen hängen, löst bei mir Hochachtung aus. Wenige Blüten schaffen es dann doch immer noch – ein faszinierendes Natur-Gebaren.

Dieser prachtvolle Feld-Mannstreu wächst bei Torgau an der Mittelelbe.

durchblutungsfördernde Wirkung auf den Unterleib, weshalb er schnell seinen Ruf als Aphrodisiakum weghatte.

Er wurzelt sogar bis zwei Meter tief und findet bei Insekten (Fliegen, Schwebwespen) reißenden Absatz. Er ist also ein in fast allen Belangen errettungs-, wenn auch nie wirklich bemitleidenswertes Gewächs. Ein kryptischer Doldenblütler *(Apiaceae)*, bei dem es immer rund läuft. Demnach keine schnöde Distel, und damit verblüffe ich noch heute viele, die es hören wollen oder eben nicht! So geschehen im Sommer 2019 in Sachsen, in Meißen gegenüber der Moritzburg, in Torgau nahe vom Schloss oder in Radebeul am Elbeanleger. Denn diese Elbe ist bei uns für den Feld-Mannstreu genau das richtige Fließgewässer, um sich gerade hier anzusiedeln.

ACKER-FEUERLILIE

Lilium bulbiferum ssp. *croceum*
Familie der Liliengewächse
(Liliaceae)

An Wegen kann einem bei flüchtiger Betrachtung so einiges durch die Lappen gehen, mit solchen Erscheinungen gebe ich mich hier aber gar nicht erst ab! Das wird einem mit der fulminanten Acker-Feuerlilie *(Lilium bulbiferum ssp. croceum)* ganz bestimmt nicht passieren, nämlich dass man sie übersieht. Nicht im oder am Acker, nicht auf Brachgelände und ebenso wenig an Graben- und Straßenrändern. Zu aufdringlich ist ihr Rot von Juni bis Juli, zu stark ihre bis ein Meter hohe Präsenz in oft im Frühsommer schon strohartiger Vegetation. Famos jongliert sie mit ihren fetten, feuerroten bis dunkelorangenen und bis zehn Zentimeter breiten Blüten, nicht selten mehrere zusammen an aufrechten Stängeln. Letztere sehen aus wie exorbitante Flaschenbürsten, so dicht und regelmäßig stehen die linearen, dunkelgrünen Blätter ab. Die Stängel sind kerzengerade, glatt und oft etwas violett überhaucht. Es handelt sich um eine geschützte und in Deutschland vom Aussterben bedrohte Art. Dafür will ich nun was tun, sie kommt also mit an Bord. Einfach nur, um noch zeigen zu können, was es so an Wegen gab und gibt. Warum man früher Aufenthalte im Freien nicht etwa extra verordnete, sondern sie sich jederzeit gönnte, feierte, faulenzte, sich inspirieren ließ und noch vieles mehr. Blumen brauchen Insekten, um sich zu vermehren und sich fortzupflanzen. Manche können sich selbst bestäuben oder überlassen es dem Wind. Doch ganz viele Blüten sind darauf angewiesen, dass Krabbel- und Flugvieh zu ihnen kommt, um sich an ihrem Pelz oder Chitinpanzer Pollen einzufangen, die auf anderen Blüten wiederum angestreift werden, damit es mit der Befruchtung auch klappt. Nun ist aber schon seit Längerem vom Insektensterben die Rede. Damit ist gemeint, dass um uns herum immer weniger Bienen (gemeint sind nicht unbedingt die Honigbienen, um die kümmert sich der Imker, sondern die über 500 Wildbienenarten!), Hornissen, Schwebfliegen, Wespen, Schmetterlinge und sonstiges Gefleuch unterwegs sind. Und das ist nicht nur in Deutschland so, sondern überall auf der Welt wird ein Rückgang der Insekten registriert.

schuld daran sind die auf den großen Agrarflächen großzügig eingesetzten Pestizide, die besonders den Larven zusetzen, schuld daran sind die zunehmende Bebauung, auch die Lichtverschmutzung – viele Insekten sind nachaktiv und werden dadurch irritiert, dass es selbst in den dunklen Stunden eines Tages kaum noch finster ist. Überall sind Lichtquellen, von denen sie magisch angezogen werden, bis sie an ihnen verenden, weil sie nicht mehr den Weg zurück in die Dunkelheit finden. Wie sieht es eigentlich in Ihrem Garten mit der Beleuchtung aus? Die muss doch nicht sein, oder? Da könnten Sie sogar etwas dran ändern, also doch ein bisschen ein Mitmachbuch …

Bislang ist noch unklar, wie groß das Ausmaß des Insektensterbens in Deutschland tatsächlich ist. In einigen Studien wurde festgestellt, dass in einigen Regionen die

Die wunderschöne Acker-Feuerlilie gehört bei uns zu den geschützten Arten, denn ihr Bestand ist extrem stark zurückgegangen.

Gesamtmasse um 75 Prozent zurückgegangen sein soll. Wie mies es um die Insekten bestellt ist, beobachte ich selbst und muss dann ständig daran denken, weil ich selbst seit einiger Zeit auf Deutschlands besten Flächen kaum noch etwas Flatterhaftes antreffe. Sogar das noch vor zehn Jahren heiß geliebte Tagpfauenauge ist hier schon rar.

KAMM-WACHTELWEIZEN

Melampyrum cristatum
Familie der Rachenblütler
(Scrophulariaceae)

Selbst die vielen Schmetterlingssträucher sind längst verwaist bis auf vereinzelte Admirale, Distelfalter und Kohlweißlinge – ein Skandal, tiefe Tristesse und daher längst ein ernstes Alarmzeichen! Das Auto, speziell die Kennzeichen, muss ich auch nur noch einmal im Jahr waschen. Es ist nix mehr los! Und aus diesem Grund packe ich in meine Arche noch eine ausgesprochene Schönheit, einen Lebensretter, Lichtblick und Strohhalm für Hautflügler. Ein wahrhaft skurriler Halbschmarotzer ist das aus der individuenreichen Familie der Rachenblütler *(Scrophulariaceae)*, einer unserer sieben überaus talentierten Wachtelweizen: Gemeint ist der Kamm-Wachtelweizen *(Melampyrum cristatum)*. Es hätten auch Acker- oder Berg-, Hain- oder Wiesen-Wachtelweizen sein können – so exorbitant ist diese Gattung. Dieser Kamm-Wachtelweizen – Wichtelweizen würde ebenfalls passen – ist ein wirklich schräger Vogel. An seinen von Juni bis September bis zwei Zentimeter langen Lippenblüten in weißlich-gelber bis dunkelvioletter Farbe vergreifen sich nur die kräftigen Hummeln – dachte der Wachtelweizen so bei sich, die würden sich mit ihrem schweren Gewicht auf seine Blüten plumpsen lassen,

sodass sie sich weit öffnen, um an den Nektar zu gelangen (manche Blüten sind so raffiniert gebaut, da kann nicht jeder ran, spezielle Blüten und spezielle Insekten haben so ihr eigenes System ...). Da lassen sich aber Bienen und Co. nicht lumpen, ignorieren ihre evolutionären Nachteile und beißen kurzerhand die Blütenbasis an, um so leicht brachial an den begehrten Nektar zu gelangen. »Und bist du nicht willig, so brauch ich Gewalt« – mit diesen Worten drohte Goethes Erlkönig. Und das gilt auch im Pflanzenreich, wenn sich etwas nicht öffnen lässt, musst man auf die eine oder andere Weise nachhelfen. Sie riechen also den Braten – und weil sie am Futtertrog teilhaben wollen, handeln sie so ganz und gar nicht Wachtelweizen-like. Alle Wachtelweizen-Arten – der deutsche Name ist auf die irrige Annahme zurückzuführen, Wachteln würden die verhältnismäßig großen Samen besonders gerne fressen –, sehen einfach irre aus. Und der Irrste von ihnen ist für mich der Kamm-Wachtelweizen. Nicht nur seine bunten Blüten an straffen, zu allen Seiten ausgebreiteten Sprossen dieser nur 15 bis 40 Zentimeter hohen Pflanze sind genial, nein, er toppt alle noch durch seine hellgrünen bis violetten, zuletzt weißlichen Hochblätter, die letztendlich jeden Samen umgeben. Sie sind scharf kammartig gezähnt und dachziegelartig dicht angelegt in verrückt vierkantiger und allseitswendiger Ähre. Das ist ein wunderbares, wenn auch immer selteneres Schauspiel dieses eingefleischten Basen-, Lehm-, Licht-, Magerkeits- und Trockenzeigers. Der einjährige, giftige und konkurrenzschwache Kamm-Wachtelweizen parasitiert unter anderem auf Gräsern und wird leider wie alle anderen Wachtelweizen im Herbarium unkenntlich pechschwarz. Versuchte man früher Brot aus ihm zu machen, kam es zu dieser gefährlichen Schwarzfärbung. Er ist also ein Halbschmarotzer, doch Blühen und etwas Chlorophyll kriegt er dann selbst noch ganz vorbildlich hin!

Zwischen Juni und September entfaltet der Kamm-Wachtelweizen seine bunt-bizarren Lippenblüten.

Schöne Landschaft mit Feld-Mannstreu in Ost-Niedersachsen am Laascher See.

AM STRASSENRAND

WILDE KARDE, KRÄHENFUSS-WEGERICH, FÄRBER- RESEDE UND HUFLATTICH

Raus in die Natur

So wie ein Weg, so die Straße – könnte man meinen. Denkste Puppe! Denn da gibt es dann doch einige Unterschiede. Die mechanische Belastung ist auf und an Straßen höher, Öle, Schwermetalle, Tausalze wirken hier ein, hier spricht man am Rand vom sogenannten Kampfstreifen. So nennen wir den ersten Meter, nein, oft nur den ersten halben Meter Grünzeug direkt am Schotter, unmittelbar an der Fahrbahn. Vor allem längs von Hauptstraßen, von Autobahnen, Landes- und Bundesstraßen. Hier herrschen ganz besondere Bedingungen. Nur die Harten kommen hierher, bleiben aber auch. Von wegen: »Nur die Harten kommen in den Garten ...« Im Gartenbau soll diese Redensart aufgekommen sein, im Sinne von: Nur die widerstandsfähigen Pflanzen kann man ins Freie setzen. Oder: Die Winterharten können im Freien verbleiben. Doch im Garten herrscht ja direkt das Paradies im Vergleich zu diesen Kampfsäumen. Ich finde, die Pflanzen, die hier wachsen, sind wie Wun-

dertüten. Nie kann man nämlich sicher sein, was man auf diesem Linienbiotop sieht – wie für mich geschaffen. Um die Ecke oder hinter der Kurve, an der nächsten Laterne, am Sicherungskasten oder neben dem nächsten Straßenbaum lauert bereits die nächste Überraschung. Das erfordert sportliche Präsenz und eine Portion Ehrgeiz, selbst wenn es dabei schon fast dunkel geworden ist. Oft gelingen dort noch Funde kurz vor Torschluss, bestrahlt von einer Straßenlaterne. So sah ich 2019 in den Voralpen südlich vom Tegernsee kurz vor dem Ort Wildbad Kreuth urplötzlich neben der Landesstraße Folgendes: Birngrün, massenhaft vom seltenen Sumpf-Dreizack, Riesenmengen vom Gekielten Lauch, Schwarze Akelei, viel Steinbeere, Sumpf-Herzblatt und Mücken-Händelwurz sowie Sumpf-Ständelwurz (zwei Orchideen). Hier ertappte ich mich auch bei dem Gedanken, vielleicht doch nicht richtig Vorsorge getroffen zu haben. Und zwar bei den ganz banalen Dingen. Etwa bei Husten, Schnupfen, Heiserkeit, bei den einfachen Unpässlichkeiten, die per Pflaster, per kleinem Verband oder mit einem Saft zu kurieren wären. Dazu diente mir nun dieser Straßenrand. Sie werden es gleich erleben, er ist nämlich meine Apotheke neben der Spur.

WILDE KARDE

Dipsacus fullonum
Familie der Kardengewächse
(Dipsacaceae)

Fast wie ein Hochstapler kommt mir immer diese bis 2,5 Meter hohe Wilde Karde *(Dipsacus fullonum)* vor – ähnlich seinen Verwandten, der Behaarten Karde und der Geschlitztblättrigen Karde. Allen gemein ist, dass sie zweijährig sind und somit nach der Blüte absterben. Ein unerwartetes Ende, was man bei diesen starr-steifen, fast monumentalen Gebilden kaum für möglich hält. Diese Wilde Karde ist so wild, dass sie sich noch ein ganzes Jahr später völlig vertrocknet und ergraut neben neuen Blühpflanzen hält. Eine Pflanze also, die nicht loslassen kann.

Mich lässt diese distelartige Figur schon lange nicht mehr los, denn die Wilde Karde soll eine wehrhafte Pflanze gegen die schwer zu behandelnde Borreliose-Infektion sein. Die Wissenschaft ist sich da noch nicht so ganz sicher, aber erfahrene Heilkundler gehen von der Praxis aus – und haben da schon Erfolge verzeichnet.

Borreliose – durch Zecken übertragen – habe ich schon seit 1991, wenn sie auch erst 1997 nach einem für mich auffallend schlappen Jahr festgestellt wurde.

Die Wilde Karde ist von Kopf bis Fuß mit spitzen Stacheln übersät. Sie ist aber keine echte Distel.

Die Wurzeln der Wilden Karde werden in der Heilkunde für viele Erkrankungen eingesetzt.

die Stechreihe auf der Unterseite der Stängelblattnerven. Die Facettenaugen der ausgeprägten Eierköpfe, der Blüten- und Fruchtstände, faszinieren mich nicht minder. Von weißlich bis rötlich blühen sie, beginnend immer in der Mitte und dann zu beiden Seiten nach oben und nach unten.

Apropos Techniker: Die Wilde Karde ist ein Wintersteher und verteilt seine Samen über mehrere Monate, man muss nur das pflanzliche Ungetüm leicht anstupsen. Meterweites Ausstreuen entsteht durch (An-)Spannung in der Pflanze, aber auch durch Mensch, Tier und Wind. Und mit der so drahtigen Karde kardierte man früher – das war das zuverlässige Aufrauen und Aufwickeln der Rohwolle auf Spindeln. Daher stammt der Begriff »Weber-Karde«, obwohl diese Pflnze noch eine ganz eigene Art ist.

Aber überhaupt ist die Wilde Karde voller nützlicher Eigenschaften: Sie wirkt antibakteriell und entgiftend, weshalb ihre Wurzel traditionell gegen Hautkrankheiten, Lungenschwindsucht und selbst gegen die Syphilis eingesetzt wurde.

Zudem ist sie eine Art mit ausgefeilter Technik. In am Stängel verwachsenen Blättern wird per Zisterne Regenwasser gesammelt (»Waschbecken der Venus«, einst als Augenwasser genutzt). Die Gelehrten sind sich aber auch in diesem Fall noch nicht einig, warum man sich um ein solches Rüstzeug bei der Entwicklung der Pflanze bemüht hatte: Sollte das lokal die Luftfeuchte erhöhen? Ameisen den Aufstieg vermasseln? Oder wollte man in dieser Tränke gar diese Krabbler und anderes Getier ersäufen, zwecks zusätzlicher Proteinaufnahme? Vielleicht stimmen ja alle drei Erklärungen. Prächtig sind die vor allem unterseits stark bedornten Grundblätter und

KRÄHENFUSS-WEGERICH

Plantago coronopus
Familie der Wegerichgewächse
(Plantaginaceae)

Zur Gesundung und gleichzeitig in kürzester Zeit auffindbar, dazu muss jetzt noch unbedingt ein Wegerich her. Hatten Sie vielleicht mit dem Breiten, Großen, Spitzen oder Mittleren Wegerich gerechnet? Dann muss ich Sie nun enttäuschen. Ihre Kenntnis setze ich einfach mal voraus, und außerdem verbindet mich viel mehr mit dem Krähenfuß-Wegerich *(Plantago coronopus)* als mit den anderen Genossen. Immerhin durfte ich ihn schon mehrfach ins deutsche Fernsehen zerren, und als ursprüngliche Salzküstenpflanze, nun als zügelloser Vagabund entlang von Autobahnen, Haupt- und Nebenstraßen bis nach Dresden und ins tiefe Bayern hinein, ist er von ganz besonderer Natur. Er ist ein Profiteur der Salzakkumulation, der fortschreitenden Bodenverdichtung, der Nährstoffeinträge und der fortgesetzten Erderwärmung. Denn selbst im Mittelmeergebiet kommt dieser Fast-Kosmopolit sehr häufig vor, selbst völlig meeresentfernt im höheren Gebirge (oberhalb der Waldgrenze!). Es muss nur salzhaltig genug sein, mehr braucht dieser 40 Zentimeter hohe, schnittige Wegerich mit seinen fiederspaltig-linealen Blättern nicht.

Ein passionierter Meister von Anpassungsfähigkeit, Ausdauer, Genüg- und Wirksamkeit. Denn er hilft zuverlässig bei Schnitten, Stichen von Bienen, Wespen und sogar von Hornissen. Und geht das so weiter mit der Klimaerwärmung, dann ertrinken wir nicht, sondern wir verdursten. In dieser Situation ist dieser Wegerich immer noch da, er wird uns weiterhin treu zu Diensten stehen, selbst noch in Salaten oder einfach so aufs Butterbrot platziert.

FÄRBER-RESEDE

Reseda luteola
Familie der Resedagewächse
(Resedaceae)

Richtig was zum Färben von Textilien und Verschönern von Wänden (Wandfarbe) haben wir bislang nicht – nicht, dass ich das noch vergesse. Da kommt mir die Färber-Resede *(Reseda luteola)* gerade recht. Rank und schlank ist diese überaus aufstrebende Pflanze. In vielen botanischen Büchern steht zwar, dass sie bei 120 Zentimetern das Wachstum einstellt, aber vertraue ich meinem Augenmaß, erreicht sie nicht selten 200 Zentimeter. Die Art geht also durch die Decke, auch mengenmäßig – und das vor allem längs größerer Straßen, vor allem in der Mitte von Autobahnen.

Der Krähenfuß-Wegerich ist heute ein richtiger Meister der Autobahnab- und -zufahrten.

Sie ist zweijährig, was bedeutet, dass aus einer Grundblattrosette erst im zweiten Jahr die Pflanze erwächst, mit einer wenig auffallenden Einzelblüte. Doch die Resede enthält Luteolin – ein Farbstoff, der für eine blass gelbgrüne Nuance sorgt. Zum Färben wurden einst die oberirdischen Pflanzenteile verwendet, gerade die blühenden Teile sind reich an Luteolin.

Damit man sie nicht übersieht, werden an den jeweiligen Standorten viele Exemplare des Färber-Waus, wie er ebenfalls genannt wird, ins Rennen geschickt. In der Dämmerung sieht es aus, als würden mehrere Kerzen brennen. Dieser Kerzenschein wirkt so romantisch, dass nicht nur ich – vom fahren-

Die Färber-Resede ist die schlanke Zwillingsschwester der gedrungenen Gelben Resede. Beide sind uralte Färberpflanzen.

den Auto aus –, sondern auch allerlei Fliegen, Käfer und Wildbienen auf dieses Lichtermeer aufmerksam werden. Und wird die Färber-Resede rechtzeitig vor dem Hochsommer abgemäht, steigen danach ein zweites Mal mehrere bis ganz viele dieser eigenartig dünnen Fackeln gen Himmel. Bis dann doch der plötzliche Tod erscheint – aber selbst dann erkennt man oft schon neue Blattrosetten in Form langer, schmaler, randlich fast immer gewellter, dann manchmal sogar rot überlaufener Blätter.

Eine schicke Pflanze also, die Färber-Resede, ein Feuchte-, Lehm-, Licht-, Nährstoff- und Bodenverdichtungszeiger. Eine von nur zwei heimischen Reseda-Arten. Ihr »Zwilling«, die Gelbe Resede, ist viel kleiner, liebt trockeneres und kalkreicheres Terrain und hält sich daher am liebsten auf Bahngeländen, in Steinbrüchen und Weinbergen auf.

Beide Reseda-Arten sind uralte, auch kultivierte Färberpflanzen, bereits die Römer wussten um ihre Fähigkeiten. Neben der Naturfarbe, die man aus den Färberpflanzen gewann, galt ein Tee aus dem Kraut als hervorragendes Beruhigungsmittel. Die Samen enthalten außerdem bis zu 35 Prozent technisch nutzbares Öl.

HUFLATTICH

Tussilago farfara
Familie der Korbblütler
(Asteraceae)

Gut, der dickfällige Huflattich *(Tussilago farfara)* hausiert an vielen Stellen, sicher aber ist: Neben Brachen, Industriegebieten, Lehmgruben, Steinbrüchen, Küstenabbrüchen (Ostsee), Bach- und Flussufern, Graben-, Weg- und Bahnrändern sind Straßensäume eine seiner Favoriten. Je breiter, desto besser. Heraus quillt der Huflattich nicht selten

Aus den Blüten und Blättern des Huflattichs wird ein wohltuender Hustentee gewonnen.

sogar aus Pflasterritzen, ja, aus dem puren Asphalt. Bestimmt haben Sie das schon mal irgendwo beobachtet.

Der Huflattich ist eine überaus heilende Pflanze, ein mutiger Kämpfer, einer, der nie aufgibt. Seine weißen und starken Rhizome legen den Boden fest und hemmen so die Erosion (sehr nützlich bei zukünftigen Bodenstrukturen). An goldgelben Blüten im März erfreuen sich erste Bienen. Man kann diesen Korbblütler als einen echten Lückenbüßer, einen Störzeiger, einen unduldsamen Gesellen, als einen Heiler und Wundenlecker einstufen. Seine Blüten und Blätter stellen seit alters her – als Tee verarbeitet – ein bewährtes Hustenmittel dar. Diese können jung auch in Gemüse, Salate und Suppen beigemengt werden. Grund genug, diesen treuen und vielseitigen Huflattich nicht aus den Augen zu verlieren.

Irgendwie zieht es ihn mit fünf bis 40 Zentimeter Höhe immer zu uns Menschen, später im Jahr vor allem mit seinen salatartigen unterseits schneeweißen, sich samtig anfühlenden Blättern. Auf nährstoff- und meist kalkreichen, gerne verdichteten, feuchten bis nassen, besonnten bis leicht beschatteten, auch tausalzreichen Lehm-, Schotter- und Tonböden ist er etabliert. Flugsande, Heiden, Moore und völliger Schatten sind jedoch überhaupt nicht sein Ding.

NITROPHILE SÄUME

KNOBLAUCHSRAUKE, SCHÖLLKRAUT UND ROTE LICHTNELKE

Raus in die Natur

Wer sich an nitrophilen, also besonders nährstoffangereicherten Säumen aufhält – Anklänge daran gab es bereits an Straßen und Wegen –, sollte unbedingt unempfindlich gegenüber ortsfremden Gerüchen sein. Selbst der eine oder andere tierische Fremdkörper unter eigenen Schuhen (bei anderen tangiert mich das viel weniger ...) sollte einen nicht aus der Fassung bringen. Denn hier balgen sich die Nährstoffe, so manche »Pissnelke« ist hier zu finden, viele davon breiten sich schon seit Jahren rasant aus.

Diese nitrophilen Säume sind wichtig, sie wehren ab und verarbeiten die heute übermäßig in Boden, Luft und Wasser gebundenen Nährstoffe. Diese möglichst breiten Säume sind bedeutsame Puffer für ausgehagerte, stickstoffärmere Lebensräume daneben oder dahinter, halten auf und machen unschädlich, mindern den Nährstoffeintrag.

Aus dem großen Stab dieser Arten – es hätte ebenso Echte Nelkenwurz, Große Brennnessel, Großes Hexenkraut, Gundermann, Kletten-Labkraut, Ampfer-, Gräser- sowie Rauken-Arten treffen können – werden von mir nun drei Vertreter ins Rennen geschickt, die diese überdüngten, nie ganz feuchten und nie ganz trockenen Plätze charakterisieren. Wichtig ist, dass diese Orte nicht oder nur wenig befahren oder betreten werden.

Ein luftig-lockerer, gerne von Ameisen und Käfern durchlebter, dadurch leicht erwärmbarer Boden liegt ihnen am Herzen. Angrenzende Gehölze sorgen für eine gleichmäßige und über das Jahr verteilte Wasserversorgung. Hier trocknet es nicht so schnell ab wie anderswo. Außerdem düngen die Gehölze den Standort noch zusätzlich durch ihr sich ziemlich rasch auflösendes Laub.

Trotzdem kann es hier recht verbissen zugehen, vor allem, wenn mal abgemäht oder schnell mit dem Auto oder Traktor angefahren wird. »Stör ich?«, würden manche Arten wohl fragen, wenn sie sich hier einzwängen, sich vordrängeln und ihren Platz erkämpfen. Dann wurzeln diese Pflanzen tief oder gehen unterirdisch in die Breite, wieder andere regenerieren sich atemberaubend schnell und setzen dann entsprechend nach.

Es gibt ein-, zwei- und mehrjährige nitrophile Arten, viele bestechen durch einen hohen Samenreichtum. Sie treten als sogenannte Wintersteher auf. Dann wird ihre Nachkommenschaft nicht binnen weniger Wochen ausgestreut, sondern über einen viel längeren Zeitraum allmählich verteilt, eben als Wintersteher. Das erhöht die Überlebenschancen kolossal. Manchmal ist ihre Lage aber auch richtig beschissen, das können Sie für bare Münze nehmen; richtig angeschissen werden die Arten hier. Aber da jammern sie nicht etwa, sondern reagieren mit zunehmendem Ehrgeiz und arbeiten an ihrer Ausbreitung. Pate steht dafür die Knoblauchsrauke. Diese Pflanze ist voll auf der Überholspur, bestens gewappnet – aber sehen Sie jetzt selbst.

cher Borderliner also. Andauernde Hitze und übermäßige Sonne machen ihr allerdings (wie mir übrigens nicht anders) zunehmend zu schaffen. Deshalb gelingt ihr pro Jahr auch nur eine Generation.

Man sagt, die Knoblauchsrauke könne man nur bis zu ihrer Blüte essen. Alles Papperlapapp. Die vielen kreisrunden, hübsch gebuchteten, fast papierdünnen Blätter mit den unterseits kräftigen Nerven, im Sommer bis Herbst teils dicht an dicht am Boden gestelzt, sind die Blütenpflanzen des nächsten Jahres und da schon absolut nutzbar. Einjährig

KNOBLAUCHSRAUKE

Alliaria petiolata
Familie der Kreuzblütler
(Brassicaceae)

Die Knoblauchsrauke *(Alliaria petiolata)* wird bis zu einem Meter hoch. Sie ist eine wichtige und volkstümliche Salat- und Würzpflanze. Sie als fast weltbekannt zu bezeichnen, passt inzwischen ebenfalls. Die Knoblauchsrauke hat nämlich einen ungeahnten Siegeszug hinter sich. In Landschaften wie in Ostfriesland war sie noch vor 30 Jahren fast unbekannt, inzwischen findet sie sich in fast jedem Ort. Selbst in Nordamerika wächst dieser Kreuzblütler hektarweise in lichten Laubwäldern. 2006 konnte ich das mit eigenen Augen verfolgen, da sah ich diese Pflanze am weiten Ufer des Erie-Sees, aber auch sonst im In- und Ausland. Attribute wie forsch, grenzenlos, invasiv, rasant, ja, penetrant fallen mir bei ihr ein – ein pflanzli-

Die Knoblauchsrauke ist eine alt bekannte Würzpflanze, die heute in der modernen Kräuterküche wieder viel Beachtung findet.

überwinternd nennen wir das. Jeder Blütenstand stirbt nach der Blüte ab. Diese von April bis noch Anfang Juli blühende Pflanze muss sich also immer wieder mit Samen neu erfinden. Die man übrigens auch zu Öl pressen kann. Ich stehe sehr auf diese Art, denn zwei Stunden nach ihrem Verzehr kann man sich »gefahrlos« wieder küssen, was in Bezug auf eine Knoblauchzehe schon mal geschlagene zwei Tage dauern kann …

Die Schoten werden bis zu sieben Zentimeter lang, sind dünn und springen verzögert auf,

Der Milchsaft des Schöllkrauts lässt Warzen verschwinden und Altersflecken verblassen.

ein Wintersteher. Der Sinn dahinter: Die schmackhaft-scharfen Samen werden so nicht sofort und in Gänze ausgestreut, sondern über mehrere Monate lang verteilt. Das hat den Vorteil, dass in Phasen zu starker Nässe, stets die nächste Pflanzengeneration gesichert ist. Übrigens lassen sich an derartigen Säumen, ja selbst in lichten Laubwäldern, diese sparrig-starren Knoblauchsrauken-Mumien noch im Winter spielend leicht an den vielen steif aufrecht gerichteten Schoten identifizieren.

SCHÖLLKRAUT
Chelidonium majus
Familie der Mohngewächse
(Papaveraceae)

Da will das bis 70 Zentimeter hohe Schöllkraut *(Chelidonium majus)* in nichts nachstehen. Auch dieses Mohngewächs breitet sich munter aus. Woher die deutsche Bezeichnung kommt, vermag ich nicht zu sagen. Jedenfalls nicht von »Schöller-Kraut«, diese Art ist nämlich ziemlich giftig und daher vom leckeren Eis gleichen Namens meilenweit entfernt. Die hübschen, leierartig grob gefiederten blaugrünen Blätter lassen sich bereits im Herbst und Winter unter Hecken oder aber an weniger dicht bewachsenen Waldrändern sicher ausmachen.

Chelidonium kommt von griech. *chelidon* = Schwalbe, weil man annahm, dass diese ausdauernde Art ungefähr mit dem Eintreffen der Schwalben im Frühling blüht. Aktuell kann diese Pflanze mit ihrem charakteristisch orangefarbenen Milchsaft schon deutlich eher blühen. Der leuchtende Saft lässt Altersflecken und Warzen nach etwa vier Wochen welken beziehungsweise verblassen. Hätte ich das doch nur früher gewusst. Ich hob die Warze mit der Pinzette leicht an und schnitt sie mit der Rasierklinge einfach ab. Es blutete lange und mächtig, und ich föhnte und föhnte, um meinen Blutfluss endlich wieder zu stoppen.

Bei Exkursionen mit Schulklassen sollte man dieses Kraut gleich zu Anfang zeigen, denn dann sind die Kinder erst einmal voll beschäftigt. Wer hat Warzen, wie viele und vor allem wo? Auch Lehrerinnen oder sonstige begleitende Personen werden mit in dieses lustige Spiel einbezogen. Das kann mal heiter, mal etwas peinlich werden. Ich feixe mir dann eins (still). Fakt ist: Nach einer Pflanzenführung fehlt stets das eine oder

andere Exemplar. Da war wohl doch irgendwie Eigenbedarf da, oder? Ich selbst habe so
einige Minuten Pause, kann meinen Re-
deschwall kurz mal abdrehen! Abgesehen
von den Warzen: Noch heute wird das
manchmal noch im November blühende
Schöllkraut zu Leber-Galle- und zu Magen-
tees verarbeitet.

Es ist ein wichtiger Arche-Kandidat, denn so
eine lange Überfahrt kann einem schon mal
auf den Magen schlagen.

Die rosaroten Blüten der Lichtnelke sind für
Insekten magische Anziehungspunkte.

ROTE LICHTNELKE

Silene dioica
Familie der Nelkengewächse
(Caryophyllaceae)

In Deutschland begegnete mir in den letzten
Jahren immer häufiger ein schöner Lichtblick. Und das noch in wahren Massen, wie
ich es aus Bremen und Umgebung vorher nie
kannte – gemeint ist die Rote Lichtnelke
(Silene dioica). Sie ist eine Art mit männli-
chen und weiblichen Blüten, und das ge-
trennt auf zwei Pflanzen (lat. *dioicus* =
zweihäusig). So eine Alarm- und Leuchterblume gerade für Insekten steht uns also sehr
gut zu Gesicht. Im Bergland sieht man
manchmal ganze Heere dieses so typischen
Nelkengewächses *(Caryophyllaceae)*: in
feuchten Wäldern und quelligen Wiesen, an
Bächen und Gräben, auf feuchten Brachen,
in Hochstaudenfluren, an Stillgewässern oder
nur profan an Straßen- und an Wegrändern.
Von April bis in den Oktober hinein blüht
dieser ausdauernde Tausendsassa mit seinen
rundlich-ellipsoiden Blättern, verträgt auch
ein, zwei Mahden pro Jahr und fällt nicht
gleich bei gelegentlichem Tritt in Ohnmacht.
Mit Stickstoff kommt dieses bis ein Meter
hohe Gewächs gut zurecht, es darf nur nie zu
sonnig oder zu trocken sein. Diese trotzdem
auffallend behaarte Pflanze blüht nur am Tag
und bietet dann Faltern, Hummeln und
Schwebfliegen reichlich Nahrung. Die kleinen Samen sind schwimmfähig, nach Norden hin wird diese Art daher mehr und mehr
zu einem Fluss- und Strombegleiter.
Die Weiße Lichtnelke ist zwar insgesamt die
viel häufigere Art, beide treffen sich auch zu
einem im Süden gar nicht seltenen Bastard
wieder, aber die Rote Lichtnelke ist von allen
Lichtnelken die klar ausdrucksstärkste überhaupt – behaupte ich jetzt an dieser Stelle
einfach mal so.

BÖSCHUNGEN, DÄMME UND DEICHE

ECHTE HUNDSZUNGE, DEUTSCHES FILZKRAUT UND BRAUNES MÖNCHSKRAUT

Raus in die Natur

Linienbiotope wie Böschungen, Dämme und Deiche sind gerade heute in Zeiten galoppierender Verarmung von Biotopen von eminenter Wichtigkeit – sie bedeuten Bewegung, Dynamik, Rettung über mögliche Wanderwege, von Trittstein zu Trittstein, helfen also aus der Not heraus neue, entferntere Biotope zu erreichen. Was wir sonst mühsam als sogenannte Ausbreitungszentren aufbauen müssen, ist hier bereits vorhanden. Durch mehr und mehr Verkehrswege werden zwar aktuell die Landschaften immer stärker zerschnitten, ein Vorteil dabei ist jedoch die Schaffung von Säumen, neuen Ausbreitungsmöglichkeiten, die in der verarmten Agrarlandschaft heute so ausgeschlossen sind. Sozusagen ein Mikrokosmos nach dem anderen, verteilt über die ganze Republik. Was wären wir bloß ohne unsere Böschungen, Deiche und Dämme, Aufschüttungen (Halden) und Abgrabungen, etwa an Küsten, an Flüssen und Strömen, längs von Eisenbahnlinien, an Seen und Teichen, in Gewer-

be- und Industriegebieten, im öden Kiefernforst, an Straßen sowie Wegen? Wobei: Die Deiche an der Nord- und Ostsee sowie längs unserer trichterförmigen Flussmündungen (Ästuare) wurden durch die Warnungen vor dem Ansteigen der Weltmeere oftmals erneuert und erhöht. Damit wurde ihnen inzwischen vielfach die alte Flora entzogen. Die Bewohner dieser Areale müssen in gewisser Weise mäh- und trittverträglich sein. So ein Schafbiss darf nicht gleich als nervig empfunden werden.

Auch hier stehen wieder eifrige Samenpflanzen ihren Mann! Eine hohe Vitalität, am besten bedornt, befilzt oder behaart, ist dabei klar von Vorteil. Kampfgeist ist gefragt, viele andere kriegen an Dämmen und auf Deichen daher kein Bein in die Erde, kriegen nichts gebacken, oft ist es hier nämlich besonders heiß. Solch exponierte Standorte trocknen schneller aus als die Umgebung, es kann auch mal zu Erosionen kommen. Tiere buddeln einem Löcher »ins Fell«, der maschinelle Winterdienst wühlt zu tief den Boden auf und bei zu viel Nässe stören Fahrspuren die Uniformität. Darauf sind aber alle an diesen Orten vorbereitet. Sie echauffieren sich nicht, sie regen sich nie sonderlich darüber auf – sie wachsen einfach, sind hier in hohem Maße akribisch bei der Sache und schließen als Lückenbüßer wieder die Wunden.

ECHTE HUNDSZUNGE

Cynoglossum officinale
Familie der Raublattgewächse
(*Boraginaceae*)

Stellvertretend für diese Unerschütterlichen stehen hier zwei zweijährige Raublattgewächse, gefördert an Dämmen vor allem durch wühlendes Getier, das den Boden offen hält und Nährstoffe liefert. Die 30 bis 60 Zentimeter hohe Echte Hundszunge (*Cynoglossum officinale*), häufig Gewöhnliche Hundszunge genannt, gefällt sich dabei von Mai bis Juli mit trichterförmigen, rotbraunen Blüten – wirklich mehr braun als rot. Eine seltene Farbe in der heimischen Flora, wo doch Gelb, Weiß, Blau und Rot dominieren. Ich flippe bei dieser Art immer regelmäßig aus. Bis auf den Norden und Nordwesten Deutschlands ist die auch auf Schuttplätze, Weg- und Weideränder sowie auf Schatten alter Bäume (gerne von Tieren als Lagerstätte genutzt) getrimmte Pflanze meist nicht so selten. Ein Nährstoff- und Wärme-, ein Stör- und Trockenzeiger. Zudem mit Mäusegeruch, was bestimmt manchen Weidetieren nicht passt, und die Pflanze so ausselektiert wird. Die am Ende beinharten, vierteiligen, auf gesamter Fläche mit borstigen Widerhaken versehenen Früchte haften an allem und jedem, der da vorbeistreift. Sie sollen als Vorbild für die modernen Klettverschlüsse gedient haben, was ich so nicht beweisen kann. Die Idee ist jedenfalls sehr gut, einfa-

Die Hundszunge bekam ihren Namen aufgrund ihrer weichen, langen und behaarten Blätter.

cher bekommt man seine Sachen draußen nicht geschlossen. Ich Spaßvogel allerdings bewerfe damit dann doch viel lieber mein Gegenüber ...

DEUTSCHES FILZKRAUT

Filago vulgaris
Familie der Korbblütler
(*Asteraceae*)

Da kommt mir das Deutsche Filzkraut (*Filago vulgaris*) gerade recht – zum Glück nimmt es aktuell zu. Es zählt zu den unscheinbaren Schimmelkräutern, diesen grauen Mäusen, wahren Mauerblümchen, diesen kaum Wahrgenommenen, scheinbar

Bräsigen und Unbeteiligten. Oder man wird erst dann auf es aufmerksam, wenn man fast schon auf es tritt. Dabei zählt dieses Deutsche Filzkraut – eine einjährige Art trocken-warmer, eher bodensaurer, leicht erwärmbarer Böden – mit seiner bis zu 40 Zentimetern Höhe noch nicht mal zu den Allerkleinsten. Aber oft wird achtlos darübergelatscht, unabsichtlich hinweggefahren, wird es übersehen oder gleich ganz verkannt. Dann kann es auch mal überaus rudimentär, verkrüppelt und verunstaltet aussehen – wäre bei uns ja nicht anders. In optimalem Zustand posiert es aber regelrecht, fast süffisant, das muss man mal gesehen haben.

Nur im oberen Drittel werden dann von Ende Juni bis August die wie kleine Morgensterne aussehenden, um einen Zentimeter breiten Blütenknäuel in alle Himmelsrichtungen gestreckt. An geraden, von mehr oder weniger eng anliegenden Filzblättchen geprägten grauen Ärmchen. Ein lustiges Bild,

vor allem bei zahlreichem Erscheinen, und das ist auch zunehmend ihr Ding. Ich habe ein besonderes Verhältnis zu dieser Pflanze, denn südlich von Hannover entdeckte ich sie 1989 in Niedersachsen nach jahrzehntelanger Abstinenz. Ich erschrak regelrecht, als ich mit dem Fahrrad an einer Ampel einer Hauptstraßenkreuzung in Laatzen stand – die Ampel war Gott sei Dank auf Rot gestellt. Man wollte mir diesen Fund zuerst gar nicht glauben, ich musste das regelrecht beweisen. 40 Jahre später hat sich dieses Deutsche Filzkraut richtig erholt, von einer fast ausgestorbenen Art gerade in Schleswig-Holstein wurde es zu einer, die fast schon häufig auftritt. Warum? Wieso? Weshalb? Da kann ich nur spekulieren, denn Pflanzen geben gemeinhin keine Antworten auf jede auch noch so drängende Frage: Ich tippe hier mal auf die zunehmende Trockenheit, immer mehr Sonne, die so verlängerte Vegetationszeit und eben immer mehr Böschungen.

BRAUNES MÖNCHSKRAUT
Nonea pulla
Familie der Raublattgewächse
(Boraginaceae)

Mit einem solchen Aufschwung kann das wesentlich seltenere Braune Mönchskraut (*Nonea pulla*) nicht dienen, sein Verbreitungsgebiet liegt vor allem im Zentrum im Osten Deutschlands, es ähnelt etwas dem der Echten Hundszunge. Dort treten beide Pflanzen durchaus mal im Duett auf. Das 15 bis 35 Zentimeter hohe, ebenfalls von Mai bis Anfang Juli rotbraun blühende Braune

Das Filzkraut gehört eher zu den grauen Mäusen unter den Pflanzen, entwickelt aber in der Blütezeit seinen ganz eigenen Charme.

Wegen seiner braunroten Blüten wird das Braune Mönchskraut auch Dunkles Runzelnüsschen genannt.

Mönchskraut kommt stets auf samtenen Pfoten daher, so weich sind seine ganzrandigen, graugrünen Grund- und später auch die Stängelblätter. Eine graue Eminenz, ein Schmeichler mit dickem Fell und zahlreichen Blüten an stark ästiger Verzweigung, so liefert es ein überaus kontrastreiches Bild ab. Während man in Sachsen-Anhalt diese Pflanze nicht zu zählen braucht, kommen wir im angrenzenden Niedersachsen auf keine zehn Individuen mehr. Ganz verrückt ist das! Das mitteldeutsche Trockengebiet streift nämlich nur noch so gerade Südost-Niedersachsen. Fast neidvoll gucken wir daher direkt hinter unsere östliche Grenze, und das nicht nur bei dieser ungewöhnlichen Art! Alle drei Arten dieser Rubrik können abgemäht werden, danach erholen sie sich noch. Sie müssen sich jedoch als ein- bis zweijährige Arten jedes Mal neu aussamen – blühende Pflanzen sterben nämlich ab. Denn nur aus einer vorjährigen Blattrosette entstehen neue Hunds- und Ochsenzungen sowie Mönchskräuter für die nächste Vegetationsperiode. Sie besetzen immer den mittleren Saum, sie sind Gesellen des Übergangs, des Zwischendings, wollen ständig etwas von allem, irgendwie Fisch und Fleisch, aber von einem nie zu viel. Der Acker, der Weg, der Lagerplatz, die Feuerstelle – all diese Orte sind ihnen zu intensiv genutzt. Dagegen ist für sie der alte Gehölzstreifen, die geschlossene Grasbrache, die ältere Hochstaudenflur oft schon zu dicht bewachsen. Sie sind Arten der »Lückig- und Luschigkeit«, des überaus schmalen Grats, sozusagen zwischen Gut und Böse, immer am Rande der Legalität, stets konfrontiert mit einem unvorhersehbaren Zusammenbruch, oft ist der eigene Tod plötzlich nah. Drum sind diese von vielen kaum beachteten Streifenfundamente in einer strukturreichen Landschaft für unsere Gewächse so wichtig – heute mehr denn je, und das aus purer Not!

DIE QUECKENFLUREN

BINSEN-KNORPELLATTICH UND SICHELMÖHRE

Raus in die Natur

Als langjähriger Fahrradfahrer sind mir diese Queckenfluren stete Begleiter. Vom Namen ist die Charakterart, die besonders sture Kriechende Quecke, bestimmt vielen ein Begriff. Aber wenn ich sie dann auf meinen Exkursionen den Menschen in Blüte zeige, ihre festen Ähren präsentiere, kommen die allerwenigsten darauf. Viele kennen auch nicht diesen Begriff: Queckenfluren. Das sind also Flure, wo fast nichts anderes wächst, weil diese berüchtigten Quecken mit überaus willensstarken Rhizomen agieren, die Mitbewerber nur noch kapitulieren lassen.

Wie die Kriechende Quecke, die keine Gnade kennt, so gibt es eine ganze Reihe weiterer Arten, die wir von ihrem insistierenden Verhalten her, ihrer hohen Widerstandfähigkeit, ihrer enormen Opferbereitschaft und aufgrund ihrer überaus gründlichen Durchwurzelung hier einordnen. Ordnung muss ja sein – das sehen Acker-Hornkraut, Acker-Winde, Färber-Kamille, Gewöhnliches Seifenkraut, Huflattich, Pfeilkresse, Platt-

halm-Rispengras, Wehrlose Trespe oder die Sichelmöhre ganz genauso. Allesamt unverwüstlich und ausdauernd, oft dominant, ja penetrant, schließen sie sich bei oft widrigen Bedingungen zu eher artenarmen Pflanzengesellschaften zusammen. Diese exklusiven Klubs stehen auf Nährstoffe, auf verdichtete Böden mit starker Sonneneinstrahlung und auch mal auf Tritt. Es darf quietschnass und dann wieder pudertrocken sein, schön im Wechsel, gerne über einen längeren Zeitraum hinweg. Wer hält das denn sonst schon aus? Quecken kommen vor allem im Rheintal vor, in Ost- und Süd-Deutschland, am mittleren Main, längs der Oder. Sie zeigen sich ebenso in großen Städten mit ausgedehnten Bahnanlagen, in großen Gewerbe- und Industriegebieten, im Ruhrgebiet und in den leider oftmals unnötig aufgepäppelten Folgelandschaften der ehemaligen Braunkohletagebaue. Und dort dann noch gepaart mit Luftarmut, mit einem Sauerstoffmangel im Boden. Sie wurzeln demzufolge tief ein und auch voll in die Breite – gleichzeitig! Oft

Die Blüten des Binsen-Knorpellattichs sind klein, wachsen dafür aber massenhaft an der Pflanze.

derbe ist ihr Gewebe, hartleibig sind sie, nach einem Schnitt schlagen sie schnell zurück und plustern sich umso stärker auf. Unduldsam, sagen wir dazu. Vertreter der Queckenfluren sind hartnäckig, bärbeißig, schneidig, dabei, echte Trotzköpfe und meist ausgeprägte Widersprecher der heimischen Botanik.

BINSEN-KNORPELLATTICH

Chondrilla juncea
Familie der Korbblütler
(Asteraceae)

Die erste Pflanze unter den beiden von mir ausgesuchten Reisegefährten, der Binsen-Knorpellattich *(Chondrilla juncea),* hat mich regelrecht zur Botanik gebracht, ja getrieben. Er steht da draußen im Gelände

wie eine Eins – er war mein Durchbruch! Erstmals sah ich diese derbe Pflanze, die bis zu einem Meter hoch wird, wenn es optimal läuft, und von unten reichlich sparrig verzweigt auftritt. Es war 1985 im Hannoverschen Wendland. Genauer gesagt: beim Dorf Dünsche. Das hat sich so bei mir eingegraben – Dünsche, eine studentische Fahrradexkursion war das ... Herrlich, ich war hin und weg, was auch immer Sie jetzt gerade aus diesem Ortsnamen machen sollten ...
Beim Binsen-Knorpellattich handelt es sich um eine sogenannte kontinentale, also östlich verbreitete Pflanze – Bremen, Hannover, Lüneburg und Verden hat dieses knorrige Asterngewächs inzwischen aber auch schon erreicht –, ein Marsch gen Nordwesten. Sogar die Bahnlinien in den in Niedersachsen eigentlich »kalten« Landkreisen Celle und Rotenburg. Ja, das ist die Klimaveränderung – ich sehe das an den wandernden

Arten. Sie kommen von Süden nach Norden, von Osten und Südosten nach Westen – ungehindert, in unglaublicher Rasanz, mehr und mehr. Und bleiben! Ich muss hier im Norden nur abwarten, dann sind sie da. Der Binsen-Knorpellattich besticht durch schmale, harte, blaugrüne Blätter, durch kahle Stängel gleicher Farbe und mit massenhaften, allerdings mit nur gut einem Zentimeter Breite recht kleinen Blüten. Perfekt angepasst an die »ewige Sonne« im Osten. Eine tief reichende Pfahlwurzel und stark behaarte Grundblätter (auch der unterste Teil des Stängels ist borstig behaart), helfen ihm »im Kontinentalen« über die Runden – an Straßen und Wegen, auf älteren Brachäckern

und gestörten Magerrasen, im Magergrünland oder auf Bahngeländen. Letzteres findet er sogar richtig gut – vor allem, wenn keine Züge mehr fahren. Ach so, Sand braucht er noch, nix als Sand. Das reicht völlig, dann ist Binsenknorpellattich-Zeit!

SICHELMÖHRE

Falcaria vulgaris
Familie der Doldenblütler
(Apiaceae)

Da will sich die Sichelmöhre *(Falcaria vulgaris)* nicht in Zurückhaltung üben, fast ließe sich Gesagtes eins zu eins auf diesen feschen, überaus durchtriebenen Doldenblütler übertragen. Oft sieht man daher beide im Gespann, so kann ich mich hier kürzer fassen. Durch ihren kugeligen bis halbkugeligen Habitus ist sie noch viel mehr ein Steppenroller als der Binsen-Knorpellattich, entsprechend zieht es die bis 60 Zentimeter hohe Pflanze viel weiter gen Osten und Südosten Europas. Sie fehlt allerdings auf Mallorca. Ich flirte ständig mit diesen wolkenartigen Gebilden von dicht an dicht sitzenden Sichelmöhren, gerade im Juli und August. Egal ob in Bernburg, auf Usedom, an der Pfälzer Weinstraße, in Würzburg am Main, bei Jena, in Magdeburg, um Berlin, bei Meißen, offen zur Schau gestellt selbst an der Autobahn 14 oder gar in Riga. Überall das gleiche verzückende Bild. Diese eigenwillige Art muss sicher mit! Sie weiß sogar an und in lehmigen oder steinigen Äckern und Weiden beharrlich ihr Revier zu verteidigen, selbst gegen Mensch (Pflug) und Tier (Verbiss).

Der Samenstand des Binsen-Knorpellattichs, hier am Südharzrand, ist ein filigranes Gebilde, ein kleines Kunstwerk der Natur.

Zwischen Juli und September enfaltet die Sichelmöhre ihre ganze Blütenpracht.

DIE STADTBRACHE

GEWÖHNLICHER NATTERNKOPF, TÜPFEL-JOHANNIS-KRAUT, RAINFARN UND MEHLIGE KÖNIGSKERZE

Raus in die Natur

Dieser Typ »Stadtbrache« meint eigentlich ein ganzes Konglomerat an Bedingungen und Orten, wie sie nur große Städte oder partiell und viel kleiner ältere Sandgruben, gestörte Felshänge, kaninchengestörte Autobahnböschungen, Hafenareale, Teile von Truppenübungsplätzen oder alte Bahnflächen bieten können. Eigentlich alles ganz unbeschreiblich, »Lost Places« eben, ständig auf der Kippe stehend. Man muss es mal selbst erlebt haben.

Angestochen hat mich dazu der alte Herrenhäuser Güterbahnhof in Hannover, mein erstes prägendes Übungsfeld als Stadtneurotiker, ähm, Stadtbotaniker. Ab 1984, anlässlich meines Studiums, entfernte ich mich immer mehr von trostlosen Zuckerhutfichten in Vorgärten, aufmotzenden Stauden hinter den Häusern und langweiligen Dickmännchen im Park.

Ich nahm schlussendlich als Landschaftsgärtner beruflichen Abstand von Ausführungen und Plänen mit toten Gabbionen (Sicht-schutz für Hochbeete und Mülltonnen), mit L-Steinen (für Beeteinfassungen), Pergolen, teuren Springbrunnen und überdimensionierten Treppenaufgängen. Ich wollte lieber in diese Freiheit der Spontanvegetation eintauchen. Ich wollte einfach kein Teil mehr sein dieser lebensfernen Bewegung »Je teurer, desto naturferner«. Zudem sind Stadtbrachen wahre Tummelplätze für Insekten, abenteuerlich, mal stinkend und schwitzend, mal mit Gartenabfällen besetzt, oft mit irgendwelchen baulichen Resten versetzt, dabei auch noch ständig mit der Gewähr erster Einfallstore fremdländischer Pflanzen. In Berlin kam dann 1985 der Anhalter Bahnhof dazu, der Lehrter Bahnhof, die im Nichts endenden Verkehrswege der damals noch geteilten Stadt. Das war mein Ding! Selbst große Mülldeponien entpuppten sich als wahre Botanik-Fundgruben. Bis heute, und jedes Jahr wieder aufs Neue: Diese Plätze sind meine Abenteuer, sind Faszination, Inspiration, Safari, und alles unter meiner Regie, ja, meiner Manie.

Ein herrlicher Anblick im Kaiserstuhl. Der Gewöhnliche Natternkopf wiegt seine Blüten im Wind.

Die Ruderalvegetation ist hier zu Hause, jene Pflanzen, die auf menschlich gestalteten Standorten gedeihen. Die Bezeichnung rührt von lat. *rudus* = Schutt. Nicht von ungefähr steuere ich auf jeden Schutthaufen zu, seit ewigen Zeiten schon. Jedes Recyclingwerk für Bauschutt mit möglichst alten Halden nehme ich in Augenschein. Und das selten angefragt. Fragt man nämlich und heißt es dann »Nein, zu gefährlich«, ist die Chance vertan. Also versuche ich es meist gar nicht. Auch schon erlebt: Man fragt, kriegt ein »Nein« zu hören, und wenn man dann trotzdem auf die Halden zu stiefelt, ist man ganz schnell dran. So kann ich mich, »stellt man mich«, noch herausreden, nach dem Motto: »Och, habe ich so gar nicht gewusst. Was soll denn hier gefährlich sein? Ich war doch gerade nur hier in der Gegend ...!« Ich muss jedes Mal glaubwürdig geklungen haben, jedenfalls hat mich bisher noch niemand angezeigt, also wegen Hausfriedensbruchs oder so, Sie wissen schon. Ich gebe zu, dass ich bisher ganz schön Glück hatte, denn Nachahmung ist hier nicht zu empfehlen. Rechtlich gesehen ist man in solch einem Fall keineswegs auf der sicheren Seite und muss mit einer Anzeige rechnen.

Bienen und Hummeln wissen den süßen Nektar des Gewöhnlichen Natterkopfs überaus zu schätzen.

GEWÖHNLICHER NATTERNKOPF

Echium vulgare
Familie der Raublattgewächse
(Boraginaceae)

Ein wahrer Angeber von Pflanze ist der Gewöhnliche Natternkopf *(Echium vulgare)*. Er steht Spalier und ist in jedem Sommer neu mein Taktgeber. Sein Blau im Juni und Juli, nach einem Schnitt noch später, ist unerreicht. Vor allem, wenn sich hundert, ja tausend Stück irgendwo niederlassen. Unschlagbar ist dieses Wildkraut für Hummeln, ebenso unschlagbar für Weidetiere, die dieses stark widerborstig behaarte, daher sich nicht sofort ins Bockshorn jagen lassende Raublattgewächs *(Boraginaceae)* nämlich meiden. Es ist eine Pflanze mit verschiedenen Blütenfarben, von rosa bis blau-violett, selten auch

mal weiß, mit weit aus dem schlangenmaulartig geweiteten Blütenschlund (daher der Name!) herausgestreckten Staubgefäßen. Das »verkaufe« ich bei jeder Führung, die ich mache, das muss man einfach mal gesehen haben. Darum fehlen mir am Ende jeden Jahres sämtliche Lupen (weil dann aus Versehen von anderen eingesteckt).
Der Gewöhnliche Natternkopf ist eine zweijährige Art – nicht anders seine Kumpels, die Königs- und Nachtkerzen. Alle zusammen sind nicht selten Teil von wahren Farben-Feuerwerken, einem Paradies auf Erden. Das Kraut wird gefördert durch Störung, sei es durch uns Menschen, durch Kaninchen, durch Maulwürfe oder scharrende Hunde. Die Blattrosetten sind kurz, haarborstig und rau, oft etwas höckerig und meist schmaler als die einiger ganz ähnlicher Arten aus dieser Familie. Verwandt ist es übrigens mit dem Borretsch sowie unseren vielen Vergissmeinnicht-Arten.

TÜPFEL-JOHANNISKRAUT

Hypericum perforatum
Familie der Johanniskrautgewächse
(Hypericaceae)

Hach, ich bin ja sooo ein großer Johannis-kraut-Fan – alle zehn deutschen Arten der insgesamt weltweit 370 Arten umfassenden Gattung habe ich inzwischen gesehen! Am liebsten würde ich alle auf meiner Arche parken, vor allem das Schöne Johanniskraut und das Sumpf-Johanniskraut. Ersteres fehlt aber komplett im Osten Deutschlands, Letzteres »klebt« bei uns als ausgesprochen atlantisch verbreitete Spezies tatsächlich fast nur um die Grenze zu den Niederlanden. Da ziehe ich das Tüpfel-Johanniskraut *(Hypericum perforatum)* vor! Dieses Kraut ist ein häufiger Dauerblüher von Ende Juni bis September, 20 bis 80 Zentimeter wird es hoch, mit Kopfschmerzfaktor. Warum? Bei fast allen Pflanzen dieser Art soll es sich nur um einen Bastard des Gefleckten Johanniskrauts handeln, doch das hat nur zur puren Verwirrung geführt und gezeigt, wie wenig die botanische Wahrheit manchmal tatsächlich die Wahrheit ist.

Weil die Blütenblätter fast immer, und sei das nur winzig klein, schwarz punktiert oder kurz bis länger gestreift sind, hat man gemeint, das sei nicht die ureigene Art, sondern eben der Bastard, der sich *Hypericum* x *desetangsii* schimpft. Jahrelang habe ich dieses Spiel brav mitgemacht, bis ich letztlich zur »Stammart« zurückkehrte. Diese Mini-Pünktchen und Streifen betrachtete ich als eine Laune der Natur: Das bisschen Schwarz im Dauergelb des Tüpfel-Johannis-

krauts ist erlaubt. Alles andere Wissenswerte über diese Pflanze bleibt aber: die hell punktierten Blattunterseiten durch Öldrüsen, der rote Farbstoff Hypericin zum Färben, die Beruhigungspflanze der Homöopathen, der frühere Nutzen der bitter schmeckenden Pflanze gegen Blutspucken, zu starker Menstruation, Ruhr, Schwindsucht und äußerlich bei Verbrennungen und Wunden. Wegen seiner harten Stängel wurde es auch Hartheu, Hexenkraut, Johannisblut (man habe da an Johannis, den Täufer, und seiner Ermordung zu denken, denn an diesem Tag, Johanni, den 21. Juni, ist die Pflanze in voller Blüte anzutreffen), Jageteufel und Teufelsflucht genannt. Es ist eine Pflanze, die böse Geister, Hexen, Dämonen, den Teufel und jedweden bösen Zauber vertrieb. Es lebe der Aberglaube! Aber wer weiß, auf einer Arche kann man immer etwas gebrauchen, von dem eine magische Wirkung ausgeht.

Das Tüpfel-Johanniskraut wurde bereits in der Antike als Heilpflanze verwendet, und es galt als Pflanze, die böse Geister vertreibt.

RAINFARN

Tanacetum vulgare
Familie der Korbblütler
(Asteraceae)

Tausendsassa Rainfarn. Er vertreibt Ungezie-fer, würzt Speisen, dient als Heil- und Färbe-mittel und ist eine prima Insektenweide.

An dem leicht giftigen Rainfarn *(Tanacetum vulgare)* hänge ich sehr – selbst auf kleinsten Zwickeln, auf der Pflasterinsel im tosenden Verkehr oder an der letzten Beetecke an der Straßenbahnendstation begegnet einem dieses sehr zahlreich in Erscheinung tretende Gewächs. Für mich ist der Rainfarn eine Pflanze meiner Kindheit, er besitzt etwas Festliches. Manche bezeichneten ihn als Farrenkraut, Knopfkraut und Wurmfarn. Der Rainfarn ist ein ausdauernder, durch kräftige unterirdische Ausläufer zudem sehr einneh-mender Korbblütler *(Asteraceae)* mit zahlrei-chen nützlichen Eigenschaften. Die bis 120 Zentimeter hohe Pflanze mit ihren dol-dig-schirmartigen Rispen verscheucht in getrockneter Form Insekten aus Bettdecken, Kissen, Matratzen und – gebündelt von der Decke hängend – aus ganzen Zimmern. Da kann also ruhig mal jemand »mit dem Mäher rainfahrn«, denn noch im Spätsommer und im Herbst gedeiht sie ohne Einschränkung. Verlässlich in Gelb zeigt sie sich selbst noch vom Raureif eingepudert.

Rainfarn würzt Soßen, Suppen, Gänse- und Schweinebraten, Bier und Backwaren. In der noch kühlschranklosen Zeit half das Kraut mit den gelben, knopfartigen Blüten, rohes Fleisch haltbar zu machen (Fliegenabwehr), weiterhin war es ein Mittel gegen Kopfläuse. Der intensive, sehr scharfe Geruch, den man eingerieben noch nach Stunden an den Fingern schmeckt, vertrieb auch Würmer, selbst bei Tieren – in Pferdeställen ähnlich effizient wie Wurm- und Adlerfarn. Kein Wunder, denn die dunkelgrünen, randlich stark gesägten, bis 15 Zentimeter langen und unpaarig gefiederten Blätter ähneln Farnen

sehr. Die goldgelben Blütenköpfe – bis zu 100 je Rispe und stets ohne Blütenstrahlen – lo-cken zahlreiche Insekten wie Fliegen, Käfer und Schmetterlinge an.

Rainfarne läuten das Ende der sukzessiven Abfolge aller Krautformationen auf trocke-nen bis mittleren Standorten ein. Danach folgen nur noch Sträucher und Bäume. Der Rainfarn ist ein Brache-, Licht-, Mäßig-nährstoff- und Trockenzeiger. Gerne nimmt er auch auf den gemähten beziehungsweise beweideten Dünen unserer großen Flüsse Platz, ab August noch ein zweites Mal freudig austreibend. Und denke ich an den Rainfarn, denke ich immer an diese wahre Geschichte: Tatort Essen, Weltkulturerbe »Zeche Zollver-ein«, Exkursion September 2016. Ein Teil-nehmer fragt mich: »Was hat eigentlich dieser Rainfarn mit dem Vater Rhein zu tun?« Hä? Alle haben geschmunzelt, nur der Frager nicht. Meine Antwort: »Gar nichts! Obwohl er da auch sehr verbreitet ist!«

MEHLIGE KÖNIGSKERZE

Verbascum lychnitis
Familie der Rachenblütler
(Scrophulariaceae)

Eine der optischen Stangenbohnen, ja wahren Hochstapler aus der Gattung der Königskerzen ist bei dieser Buchthematik geradezu Pflicht für die Arche, deshalb habe ich mich für eine dieser aufstrebenden zweijährigen Bohnenstangen entschieden, für die Mehlige Königskerze *(Verbascum lychnitis)*. Sie lebt problemlos im Verbund mit allen anderen steilen Königskerzen, mit der Schwarzen, der Kleinblütigen, der Großblütigen, der Windblumen-Königskerze sowie ihrer Bastarde. Die bis 1,5 Meter hohe Pflanze ist ein Tiefwurzler und hat unverwechselbare Rosettenblätter. Oberseits sind sie nicht filzig-behaart, dafür graugrün, unterseits gibt es viele Sternhaare, da sind die Rosettenblätter weißlich und randlich gekerbt. Das ist eine ganz eindeutige Sache und so mit keiner anderen Königskerze zu verwechseln. Blattrosettenkunde ist ansonsten bei Königskerzen naturgemäß schwierig bis eigentlich unmöglich – bei der hier nicht!
Die Mehlige Königskerze ist eine Vertreterin sowohl urbaner Biotope als auch freier Landschaften – dort residiert sie in Flusstälern, Magerrasen, Magerweiden, Weinbergen, lichten Wäldern, an hohen Seeufern, an Verkehrswegen aller Art, an Gips- sowie Felshängen. Sie blüht hellgelb bis fast weißlich mit nur zwei Zentimeter breiten Blüten. Die Staubfäden sind – wie bei fast allen anderen Königskerzen – weißwollig. Insgesamt wirkt sie oft leicht übergeneigt.

Unvergessen ist mir ein steiniger Hang zwischen Heidenheim und Sontheim im Württembergischen mit Tausenden von diesen Bemehlten, wie Perlen ausgestreut gelegen nördlich der Bundesstraße 466. Hier noch zahlreich aufgepeppt mit der Nickenden Distel, einem weiteren zweijährigen und nicht zu verachtenden Farbengeber. Ich veranstaltete eine Vollbremsung auf der Bundesstraße, machte eine Kehrwende, um zu parken. Fast wäre ich völlig ausgeflippt bei diesem Anblick. Zum Glück war ich hier mal wieder ganz alleine. Ja, diese wunderbar dekorativen Königskerzen, die zahlreiche Insekten anziehen – auch von ihnen hätte ich hier gerne noch mehr.

Von Juni bis August blüht die bis zu eineinhalb Meter hoch wachsende dekorative Mehlige Königskerze in voller Pracht.

DER STADTPARK

WIESEN-GELBSTERN UND GAMANDER-EHRENPREIS

Raus in die Natur

Die vielen Parks in Großstädten, aber auch die von kleineren Ortschaften sind seit langem als grüne Lungen anerkannt, sie sorgen für die Sauerstoffproduktion. Zudem sind sie unverzichtbare Stätten der Luftbefeuchtung und Bodenversickerung, unentbehrlicher und exklusiver Lebensraum für viele Tiere, weiterhin von hoher Aufenthaltsqualität für Menschen jeglichen Alters. Gerade im verdichteten Raum. Ferner sind sie bedeutende Refugien für viele Pflanzen, was allerdings kaum beachtet wird, denn gerade alte Parks und Friedhöfe (Waldfriedhöfe) entstanden häufig in Zeiten, in denen es noch nur wenig beeinflusste Natur gab. In Parks ist es meist schattiger und luftfeuchter als in den urbanen Bereichen, es wird wenig bis gar nicht zusätzlich gedüngt. Sinnvollerweise wird in ihnen zunehmend erst später gemäht. Daher sind sie im zeitigen Frühjahr für Heere von Zwiebelpflanzen bestimmt, die teilweise in grauer Vorzeit gepflanzt wurden. Davon zeugen Gelbsterne,

Hasenglöckchen, Märzbecher, Milchsterne, Schneeglöckchen, Schneestolz, mehrere Blaustern-Arten oder die Wilde Tulpe. Und zu all diesen gesellt sich noch mein geliebter Elfen-Krokus, ehemals vom Balkan, der bei uns bereits im Februar die alljährliche Saison einläutet und dessen Samen durch Ameisen immer häufiger über weitere Entfernungen verbreitet werden.

Stadtparks sind ein Mix aus Bäumen, Beeten, Gebüschen, alten Rasenflächen und Wegen. Der Tiergarten in Berlin oder der Englische Garten in München, der Killesberg in Stuttgart oder der Westfalenpark in Dortmund – was wären diese Städte bloß ohne diese beliebten Grünflächen? Sie sind glücklicherweise so groß, so unübersichtlich und so verwinkelt, dass kein Mensch da überall wachsam sein und für die mich störende Ordnung sorgen kann.

Irgendwo wächst immer etwas Besonderes, da gilt es, diese aufzuspüren, ans Licht zu zerren und Geschichten darüber zu erzählen. Kommen dann noch Fließ- und Stillgewässer hinzu, ein Gewächshaus, eine Anzuchtfläche für Junggehölze oder ein, am besten mehrere historische Eingänge aus Ziegelsteingemauertem – ist meine Stadtpark-Welt perfekt. Vorteilhaft wäre in meinen Augen auch, wenn nicht dauernd nachgepflanzt, Umgestürztes nicht überstürzt entfernt, nicht Anfang April bereits gemäht und in Rabatten nicht dauernd das Wildkraut bekämpft wird. Das können Sie ebenso für Ihren eigenen Garten beherzigen. Sie werden sich wundern, wie Sie auf einmal eine ganz andere Einstellung zu ihm entwickeln.

Gibt es in den Parks Feuerstellen, so findet sich an diesen Plätzen oft eine besondere Artenzusammensetzung. Leider werden diese lokale Bodenverwundungen und wertvollen Erdanrisse immer öfter von bornierten und nur noch auf die (eigene) Sicherheit beschränkten Personen verboten. Hier bieten sich noch ungeahnte Potenziale an, Artenvielfalt und Biodiversität weit und weiter hinein in unsere Metropolen zu tragen. Wir mit unseren meist kleinen Gärten schaffen das mit der Rettung nämlich so nie, jedenfalls nicht so alleine gelassen.

WIESEN-GELBSTERN

Gagea pratensis
Familie der Liliengewächse
(*Liliaceae*)

Zu den alljährlich von Botanikern bejubelten, ja geradezu herbeigesehnten Gewächsen zählen die tapferen Gelbstern-Arten aus der großen Familie der Lilienartigen *(Liliaceae)*. Ich jube gerne mit, wobei ich den Wiesen-Gelbstern *(Gagea pratensis)* favorisiere, deshalb muss er mit aufs Schiff. Ich gebe es zu: Auch bei mir bricht regelmäßig ab Anfang März die große Hektik aus. Ich frage mich, wo denn nun diese Gelbsterne sind -

meine Stifte sind gespitzt, um ihre Anzahl zu notieren, die Fotolinse ist geputzt, das Fahrrad längst geflickt. Es kann also losgehen, Gelbstern-Start ist sowieso Saisonstart, schon immer war das so.

Der Wiesen-Gelbstern leuchtet mit goldgelben Blüten, zahlreich sind sie drapiert in einem doldenartigen Blütenstand. Am liebsten hausen diese Pflanzen unter alten Laubbäumen, nicht des Schattens wegen, sondern weil sie den Oberboden für ihre eigene Lebensversorgung zumindest halb offen

Der zierliche Wiesen-Gelbstern blüht früh im Jahr. Seine sternförmigen Blüten sind von März bis Ende April zu bewundern.

gelassen haben. Wiesen-Gelbsterne lieben das über alles, denn Kraft und Saft stecken in ihren Speicherorganen, ihren wahren Wunderorganen, den Zwiebeln. Und da sämtliche Gelbsterne bereits Mitte Mai nicht mehr zu erkennen sind, nutzen sie die kühlere und vor allem noch feuchtere Jahreszeit zur kompletten Abwicklung ihrer Lebenszyklen. Sie sind dann ungestört von Menschen- und Tiertritten, von lauten Mähern und nervigen Freischneidern – wenn es denn gut läuft und wenn nicht übereifrige Gesellen bereits im Vorfrühling nicht Besseres zu tun haben, als unseren ungedüngten, moosreichen und somit wertvollen Rasenflächen auf die Pelle zu rücken. Völlig unnötig, aber sie können nichts anders …

Aber warum der Wiesen-Gelbstern? Es hätte jeden anderen der insgesamt zehn Gelbsterne treffen können, wie beispielsweise den Acker-Gelbstern, den Wald-Gelbstern und den Scheiden-Gelbstern. Wenn ich das nur wüsste. Manchmal entsteht zwischen bestimmten Pflanzen und mir eine Sympathie, die man nicht immer rational erklären kann.

GAMANDER-EHRENPREIS

Veronica chamaedrys
Familie der Rachenblütler
(Scrophulariaceae)

Das trifft auch auf den exzellenten, 10 bis 30 Zentimeter hohen Gamander-Ehrenpreis *(Veronica chamaedrys)* zu, ein von Ende April bis Juni himmelblau blühender, unerschrocken-unbekümmerter Rachenblütler *(Scrophulariaceae)*. Eine weit verbreitete Art, welche trotz markanter Blüte aber kaum wahrgenommen wird.

Das muss sich aber ändern. Jeder von uns muss nicht 1 000 Arten kennen und bestimmen können, darum geht es nicht. Aber

unsere Wahrnehmung sollten wir ändern, dem Kleinen und dem Versteckten sollten wir mehr Bedeutung beimessen. Wenn wir diesen eher unscheinbaren Pflanzen in unseren unmittelbaren Wohnumfeld mehr Wichtigkeit einräumen, wenn wir uns um sie kümmern wie um unseren eigenen (naturnahen) Garten oder Balkon, haben wir schon eine Menge mehr für den Erhalt unserer Pflanzenwelt und damit auch unserer Insektenwelt getan.

Diese Achtung vor dem fast Nebensächlichen gilt es unbedingt zu verbessern. Da habe ich ein großes Sendungsbewusstsein, zukünftig werde ich nichts anderes mehr machen. Denn wenn man sich um das Unauffällige sorgt, das Unspektakuläre, das für sich keine große Bühne beansprucht, dann gelingen einem ebenso die größeren Zusammenhänge, schafft man für sich den nötigen Durchblick, um einschätzen zu können, was wirklich bedrohlich ist. Denn nur das kann man dann auch wirklich schützen!

Auch der Gamander-Ehrenpreis kommt mit Ausläufern voran, nur liegen die flach unter der Erde. Er zieht ebenfalls den Halbschatten vor, liebt humosen Boden und meidet Industriegebiete, Güterbahnhöfe oder Neubaugebiete. Als eine Art der ausgehagerten (nährstoffärmeren) Wald- und Weideränder ist der königsblaue Gamander-Ehrenpreis aber schon urbaner als etwa das hier schon vorgestellte, gelb blühende Kleine Habichtskraut. Ein Grünland mit diesen Arten ist immer ein artenreiches Grünland, meist alt und nie oder nur mäßig gedüngt, ein El Dorado für vielerlei Getier.

Von den fast 40 ausnahmslos hübschen Ehrenpreisen in Deutschland hätte ich jeden mitnehmen können, leider muss ich jetzt aber schon wieder weiter …

Der famose Gamander-Ehrenpreis, hier mit dem Acker-Hornkraut (weiß).

DER HÜHNERHOF

GUTER HEINRICH, GÄNSE-MALVE UND SCHWARZES BILSENKRAUT

Raus in die Natur

Diese Hühnerhöfe, noch alte dazu, werden von Jahr zu Jahr seltener. Wer gibt sich denn heute noch so viele Mühe mit dem lieben Federvieh wie noch zu Zeiten von Max und Moritz und Wilhelm Busch. Vielleicht noch der Eier wegen, welche diese Vögel legen, oder weil man dann und wann einen Braten oder eine Hühnersuppe essen kann ... Doch weil es diese Höfe kaum noch gibt, sind auch die mit ihnen verbundenen typischen Pflanzenarten stark auf dem Rückzug.

Hühnerhöfe sind eine Welt für sich. Hier entsorgte man früher – ganz praktisch – seine Küchenabfälle, Kinder bekamen ersten Kontakt zu Tieren, die Hühner futterten unter den Obstbäumen Schädlingswürmer oder -larven weg, und alles in einem geregelten, jahrhundertealten Kreislauf. Einmal Hühnerhof, immer Hühnerhof!

Die pflanzlichen Besetzer des Hühnerhofs stehen auf extrem nährstoffreiche, gern ammoniakhaltige, kalkreiche, verdichtete bis bodenlockere Standorte, sowohl in der Sonne als auch im Schatten, dazu trocken bis wechselnass. Oft dabei: der hochtoxische Gefleckte Schierling, das Herzgespann – auch Löwenschwanz genannt – die Große und die Kleine Brennnessel, die giftige Hundspetersilie, die Schwarznessel, der Stinkende und der Mauer-Gänsefuß, die Taubnessel- sowie die ebenfalls giftigen Nachtschattengewächse. Dem Hühnerhalter war das stets wohlbekannt – und überlebenswichtig. Er hat sein Biotop gehegt und gepflegt, denn ihm war bewusst, dass er damit gleichzeitig noch wertvolles Düngergewinnungsgelände hatte. Früher störte es niemanden, wenn im Dorf Hahnenschreie in aller Herrgottsfrühe (so um halb sechs) zu hören waren, heute werden deswegen Prozesse geführt, wobei diese sogar noch gewonnen werden. Das nenne ich moderne Zeiten, aber abschreckend. Ich finde, ein krähender Hahn gehört zum Leben dazu wie das Bellen des Hofhunds oder das Tuckern eines Traktors. Mich hat das auch nie aufgeregt – ganz im Gegenteil –, selbst wenn ich im Auto erst um zwei Uhr nachts in den Schlaf fand. (Ja, Sie haben richtig gelesen, bei meinen Touren in die Natur übernachte ich oft in meinem Fahrzeug, da bin ich der Natur nah, aber geschützter als in einem kleinen Zelt, wenigstens meinem Gefühl nach)

Mit diesem Vorurteil muss mal aufgeräumt werden: Hühnerhaltung stinkt nicht, nie, jedenfalls bei richtiger Handhabung. Hier duftet es vielmehr nach Huhn, genauso wie es bei artgerechter Schweinehaltung nach Schwein riecht. Nur der Mensch stinkt schon mal, oder anders gesagt: Er lässt gerne stinken, denn oft stinkt das, was er mit unserer Umwelt anrichtet, bis zum Himmel. Nun gut, ein paar Ausnahmen gibt es dann doch – in Peru etwa am Pazifik im Guanogürtel oder, viel näher dran, bei den inzwischen Tausenden von Basstölpeln – das sind diese gelblich-weißen Seevögel auf den roten Felsen von Helgoland. Aber sonst? Wenn ich was zu sagen hätte, also ein ökologischer König von Deutschland wäre – jede Hühnerhalterin, jeder Hühnerhalter bekäme bei mir schon mal jährlich 1 000 Euro einfach so in die Hand gedrückt. Weil sie/er dieses Handwerk liebt, dieses Kleinstbiotop am Leben hält und damit ein Stück Kultur, ein Stück Heimatkunde betreibt. Wofür werden sonst Milliarden ausgegeben, regelrecht verpulvert? Oft völlig unnötig, da vieles nur der Befriedigung tödlicher Egoismen dient, so nur zur Zerstörung unseres Planeten beiträgt.

beredte Lieder singen, geht es ihm doch vor allem im Norden und Osten Deutschlands massiv an den Kragen. Überall diese sauberen Höfe heute, überhaupt kein Platz mehr für Hühner. Das allermeiste Federvieh ist schon seit langem in elende Massentierställe verfrachtet, in die bloß niemand reinschauen sollte und auch nicht mehr darf!

Von unseren 24 Gänsefüßen ragt der Gute Heinrich heraus, denn er ist der einzige Mehrjährige. Er wird bis 80 Zentimeter hoch und genießt bei mir Kultstatus. Zum einen spüre ich jedes Jahr noch den einen oder anderen Standort auf – so 2019 am Kloster Dalheim bei Paderborn, in Sontheim und bei

---

GUTER HEINRICH

Chenopodium bonus-henricus
Familie der Gänsefußgewächse
(*Chenopodiaceae*)

Der Gute Heinrich (*Chenopodium bonus-henricus*) ist sicher keine Perle der Natur, er weiß das nur zu gut und kann davon

Im robusten Guten Heinrich stecken einige Überraschungen. Er leistet uns als Nahrungs-, Heil- und Färbepflanze gute Dienste.

Söhnstetten – beide Ortschaften befinden sich im Kreis Heidenheim/Schwäbische Alb. Zum anderen findet sich unter Pflanzenliebhabern kaum ein Gänsefuß-Fan.

Das übernehme ich gerne, und zwar voll und ganz. Mich begeistert am Guten Heinrich neben seinem deutschen Namen – ein guter Nachbar also, »der gute Freund von gleich nebenan!«, Heinrich als guter Geist, als Heinzelmännchen –, dass man ihn essen, abmähen, mal was draufstellen und ihn auch mal ganz vergessen kann. Er bleibt, wo er ist, selbst kein eitler Gockel, sofern er nicht im Wege steht, genug Niederschläge erhält und sich eine Kuh nicht tagelang auf ihm wälzt. Aber welche Kuh sollte das schon machen? Und die Hühner fressen oft nur um den Guten Heinrich herum.

So stationiert freut er sich des Lebens, blüht von Mai bis Oktober mit grünlich-gelblich Blüten und punktet mit seinen zackigen, ja dreizackigen, unterseits stark bemehlten dunkelgrünen Blättern. Die grau-grünlichen, rispigen Blütenstände hängen zu seiner Hochzeit hübsch über, er nickt dann gebieterisch. Für mich ist er viel zu schade, um ihn im Salat und anschließend im Magen verschwinden zu lassen.

Die Samen der Gänse-Malve haben einen nussartigen Geschmack und wurden in Notzeiten zu einem nahrhaften Brei verkocht.

GÄNSE-MALVE

Malva neglecta
Familie der Malvengewächse
(*Malvaceae*)

Von ganz anderem Schlage ist da die niedliche Gänse-Malve *(Malva neglecta),* alias Käsepappel oder Weg-Malve. Neben den Hühnerhöfen hat sich dieses bis 40 Zentimeter hohe, mitunter bis 80 Zentimeter breite ein- bis zweijährige Gewächs die Äcker, Gemüsegärten und die Rasenränder von Dörfern und Städten gegriffen. Der Standort muss nur nährstoffreich sein, gerne lehmig, am liebsten besonnt, und ab und zu darf auch drauf rumgetrampelt werden. Als wärmeliebendes Malvengewächs hockt es dann, von vielen Fans verehrt, am liebsten vor nach Süden und Westen exponierten Burgen-, Hof-, Kirchen-, Schloss- und Stallmauern. Unterschiedlicher könnte die Angebotspalette gar nicht sein.

Dann entfaltet die Gänse-Malve eine wahre Flut an blass rosafarbenen Blüten, immer und immer wieder, bis weit in den Herbst hinein. Selbst an lückig bewachsenen Böschungen, Wegrändern und auf Feldwegen. Letztlich also genau dort, wo es sonst kaum noch jemand aushält – drum ist dieser Wicht gar so wichtig.

Irgendwie ist sie ja ein Armleuchter im Vergleich zur opulenteren Wilden Malve, mit der sie hin und wieder auch mal paktiert. Fast schon müßig zu erwähnen, dass man die tortenartigen, zu einzelnen kantigen Samen zerbröselnden Fruchtstände in Notzeiten zu nahrhaftem Brei verkochte. Ein richtiger Mundschenk also. Die fast kreisrunden Blätter wurden als Käsegewürz genutzt, Blätter und junge Triebe einem zünftigen Salat beigegeben. Die Samen, scheibenförmige Spaltfrüchte, quellen bei Nässe auf, kleben dann und werden so verbreitet – durch Mensch oder Tier.

Verkannt war diese Gänse-Malve nie, nur der große schwedische Botanik-Professor Carl von Linné übersah sie bei seinen massenhaften Pflanzenbenennungen. Diese Lücke füllte erst Carl Friedrich Wilhelm Wallroth, seines Zeichens Arzt, Kreisphysikus und Königlich-Preußischer Hofrat in Nordhausen am Harz. So wurde sie dann doch noch standesgemäß in die botanische Welt eingeführt, eine Auszeichnung für diesen strebsamen, aber meist prostrat – das heißt, platt wie eine Flunder – erscheinenden ausgeprägten Zerberus »meiner« so geliebten Hühnerhöfe.

SCHWARZES BILSENKRAUT

Hyoscyamus niger
Familie der Nachtschattengewächse
(Solanaceae)

Ein paar Giftpflanzen sind schon Teilnehmer meiner Pflanzenkogge, das Schöllkraut etwa oder der Rainfarn, doch ihr Gift, in der richtigen Dosierung, hat eine mehr heilkundliche Wirkung. Nun folgt aber so eine richtige Giftspritze, eine böse, genauer, eine richtig tödliche. Irgendwie habe ich mich für sie entschieden, sonst wäre nämlich mein Arche-Team irgendwie nicht komplett. Denn spreche ich auf meinen Exkursionen über giftige, sogar über lebensgefährliche Pflanzen, ist mir stets Aufmerksamkeit gewiss. Im letzten Sommer in Celle war es mal wieder so weit. Unterwegs fanden sich auf einem Brachgelände mit allerlei Ablagerungen unvorhergesehen neun Pflanzen vom Schwarzen Bilsenkraut *(Hyoscyamus niger).* Der Anblick dieser Pflanze lässt mich jedes Mal erschaudern und andere erst recht – vor allem zur Blütezeit: Diese blassgelben Trichterblüten bis drei Zentimeter Breite, gepaart mit dem violetten Teufelsauge innen und den blassvioletten Kreuz- und Querzeichnungen innerhalb dieser famosen Blüte, wirken absolut gefährlich und abweisend. Da müssen Atropin, Hyoscyamin, Scopolamin gar nicht erst erwähnt oder gar ausprobiert werden. Ein ganzes Sammelsurium an hochwirksamen Wirkstoffen, was eigentlich äußerst praktisch ist.

Das Kraut ist eine uralte Hexen- und Schamanenpflanze, die rituellen Zwecken, der Herstellung von Hexensalben oder als Mordgift diente. Zeitweise fand es sich als berauschender Zusatz im Bier oder Wein wieder. Medizinisch erfolgte früher die Anwendung der Droge bei Krämpfen des Magen-Darm-Trakts. Heute dient das Bilsenkraut der Gewinnung von Reinsubstanzen, etwa Atropin oder eben Scopolamin – und die finden in vielen Medikamenten Anwendung. Deshalb sollte man bei einem Neustart keineswegs auf sie verzichten, obwohl man sonst besser die Finger davon lässt. Natürlich fallen mir bei ihr immer ein paar unangenehme bis kriminelle Zeitgenossen ein, regelrecht inspiriert werde ich von diesen fulminanten Bilsenkräutern. Aber ich belasse es dann doch bei meinen Gedanken.

Das schwarze Bilsenkraut hat es in sich – tödliche Giftpflanze ebenso wie hochwirksame Heilpflanze.

Bis ein Meter hohe Pflanzen habe ich von diesem düsteren Kraut schon gesehen. Auffällig sind die schräg zu den Seiten ausladend übergebogenen Sprossen und die massenhaft leiterartig aufgesteckten Kapseln. Im Winter werden die Pflanzen knochenhart, da haben wir erneut einen Wintersteher. Viele trauen sich kaum, dieses Gewächs (»Ilse, Bilse, keiner willse!«) anzugucken, geschweige denn mal anzufassen. Mein Publikum ist jedes Mal voller zurückhaltender Ehrfurcht. Dabei kann bis dahin noch gar nichts Schlimmes passieren. Außerdem klebt sie wie Hulle und riecht dazu noch äußerst unangenehm. Wer zum Teufel steckt sich so etwas Morbides nur in den Mund? Doch niemand! Ich jedenfalls verehre dieses einjährige Nachtschattengewächs mit seinen leicht klebrigen, grau-blau-grünen Blättern genau deshalb. Ich finde sie auf Müll- und Schuttplätzen, in der Mitte von Autobahnen (A 5, A 8, A 9), auf Rübenfeldern und Recyclingplätzen oder 2016 in Wettin an der Saale direkt am Fähranleger neben spielenden Kindern. Was könnte das für eine Panik auslösen?! Ich sage aber lieber gar nichts. Sonst könnte man bei den nächsten Gewächsen gleich fortfahren – so richtig ungiftig ist in der Natur kaum etwas, da haben sich Pflanzen eben geniale Abwehrmechanismen einfallen lassen, um sich Fressfeinde vom Hals zu schaffen. Bestimmte Düfte verjagen auch so manchen Unhold.

WIESEN UND WEIDEN DES TIEFLANDES

WIESEN-FUCHSSCHWANZ UND STRAUSSBLÜTIGER SAUERAMPFER

Raus in die Natur

So, allmählich treten wir nach draußen, kommen raus ins Freie, hinaus aus Dorf und Stadt mit ihren besonderen Markenzeichen. Es wird nun nicht unbedingt gleich bunter, aber grüner und weiter auf jeden Fall. Wiesen und Weiden sind dort Kleider, die allen von uns Begriffe sind.

Folgende zwei Arche-Teilnehmer dienen der »indirekten Arterhaltung Mensch« – vor allem, aber nicht nur. So sind sie Vitamin- und Würzpflanzen in der Not, aber sie kommen den »Nutztieren« (was für ein schreckliches Wort!) äußerst gelegen.

Überhaupt können Gräser auf eine lange Erfolgsgeschichte zurückblicken. Weite Teile unseres Planeten sind mit Gräsern bewachsen – denken Sie nur an die Matten der Hochgebirge, die Savannen oder die (früheren) Überschwemmungsbereiche längs der Küsten und Flussunterläufe. Etwa 14 000 Arten entfallen weltweit allein auf die Süß- und Sauergräser. Gräser sind in vielen Landschaften die letzte Instanz, danach wächst

nichts mehr – weil zu trocken, zu nass, zu steinig, zu warm, zu kalt, gar zu eisig. Grund genug, dem Lebensraum »Grünland« genügend Aufmerksamkeit zu schenken.

Wiesen und Weiden schützen das Land vor Erosionen und Wellenschlag, den Boden vor Hitze und Kälte, sie speichern Niederschläge, befeuchten die Luft und sind wertvolle Gebiete (unter anderem Brutgebiete) für eine Vielzahl von Tieren und Pflanzen. Und schlussendlich ernähren Gräser auch auf gewichtige Art und Weise die gesamte Menschheit – wenn auch selten direkt durch Blatt und Halm, aber durch eine Vielzahl von pflanzlichen und tierischen Folgeerzeugnissen. Ohne Gräser kein menschliches Leben! Bunte Wiesen sind zudem wertvoll fürs Auge, einfach nur so, eigentlich möchte ich in diesem Biotop so viele Arten wie nur möglich schützen, einzig um ihrer selbst willen. Sicher, so ganz selbstlos bin ich da nicht, aber ich mag Wiesen- und Weidepflanzen, ich würde sie sogar mögen, würden sie völlig untalentiert sein.

Ich oute mich: Feders Stunde schlägt darum oft auf den noch artenreichen Wiesen. Gerade morgens, wenn die Sonne aufgeht, die Füße beziehungsweise die Schuhe noch nass vom Morgentau sind. Und dann, wenn der Tag seiner Wege geht, wenn es überall summt und brummt. Aber auch abends ist es dort toll, wenn meist die Feuchtigkeit zurückkommt. Schon als Kind lag ich gerne im hohen Gras, wohl zum Leidwesen der Bau-

Der Wiesen-Fuchsschwanz ist ein ausdauerndes, winterhartes Süßgras, das bevorzugt auf feuchten nährstoffreichen Böden wächst.

ern. Später übernachtete ich unter freiem Himmel häufiger in einem frühreifen Getreidefeld (Getreide zählt zu den Süßgräsern). Außerdem bin ich ein ausgewiesener Ampfer-Fan, weil es davon so viele verschiedene gibt und einige sogar bastardieren, sie sich also vermischen. Eine anspruchsvolle Aufgabe für Botaniker, diese Ampfer möglichst alle zu kennen, sie vielleicht sogar nur im Blattstadium sicher auseinanderzuhalten. Wer absolut Ampfer-sicher ist, hat es in der Pflanzenkunde schon sehr weit gebracht! Erst recht bei den vielen Gräser-Arten, Sauer- und Süßgräsern, bei den Binsen, Simsen und Seggen. Viele verzweifeln schon frühzeitig bei ihrer Bestimmung. Dabei fängt man in unserer Wissenschaft mit Gräsern auch niemals an, viel eher hört man damit auf. Ein paar von ihnen sind Teil dieses Experiments, ich habe aber darauf geachtet, dass sie gut zu erkennen sind.

Haben Sie einen Garten, könnten Sie überlegen, ob Sie Ihrem Rasen etwas weniger Raum geben und eine bunte Blumenwiese anlegen. Haben Sie passendes Saatgut gekauft (bitte Einheimisches, nichts aus Wiesen Ihrer Umgebung rausrupfen!), können Sie durch die Artenvielfalt ein Zuhause für reichlich Insekten wie Käfer, Schmetterlinge, Fliegen, Wildbienen und Hummeln schaffen. Und die Blumenwiese macht sogar noch weniger Arbeit als ein Rasen.

WIESEN-FUCHSSCHWANZ
Alopecurus pratensis
Familie der Süßgräser
(Poaceae)

Der häufige Wiesen-Fuchsschwanz *(Alopecurus pratensis)* ist ein Frühstarter, bereits im April sieht man an seinen bis 12 Zentimeter langen Ähren blaugraue Staubgefäße hängen.

Dazu ist er auch noch ein Senkrechtsstarter mit einer Höhe bis zu einem Meter. Als Erster erhebt er sich weit übers Grünland hinaus, wo andere noch zaudern und zögern. Weiden liegen ihm nicht so, denn er ist mit seinem wenig widerstandsfähigen Wurzelwerk trittempfindlich. Dafür liebt er Dünger, will nie ganz trocken wachsen, und ab August ist er kaum noch auffindbar, meist nur mit viel Mühe.

Der Wiesen-Fuchsschwanz ist ein insistierendes, bärbeißiges, fast rabiates Süßgras, denn bei permanenter Düngung steht am Ende fast nur noch er auf dem Grün. In diesen Momenten wendet sich der Botaniker schließlich doch mit Grausen ab, obwohl es im Pflanzenreich stets darum geht, sich im Konzert aller anderen zu behaupten.

An Graben-, Straßen- und Wegrändern ist der Wiesen-Fuchsschwanz meist weniger dominant, weil da einige andere plantare Hauklötze mitmischen, und die Nährstoffe nicht so regelmäßig für ihn abgeliefert werden wie im Grünland. In Deutschland ist er flächig verbreitet, Höhen über 600 Meter werden jedoch gemieden. Viel lieber hätte ich ja den aparten, von April bis Oktober blühenden Ziegelroten Fuchsschwanz mitgenommen, der alles – je nach Wasserstand mal mehr und mal weniger – in einem Feuerorange aufmischt. Dieser Fuchsschwanz erbringt jedoch aufgrund seiner viel geringeren Größe viel weniger Biomasse, und darauf sollte ja jetzt geachtet werden.

Auch auf das nützliche, weil geflechtartig dicht wachsende Knick-Fuchsschwanzgras in langen feuchten bis überstauten Flutmulden, etwa in Bach- und Flusstälern, muss hier verzichtet werden. Es bleibt nämlich mit einer Wuchshöhe von nur knapp 30 Zentimetern noch weiter hinter dem Ziegelroten Fuchsschanz zurück.

STRAUSSBLÜTIGER SAUERAMPFER

Rumex thyrsiflorus
Familie der Knöterichgewächse
(*Polygonaceae*)

Eigentlich hatte ich mich doch schon für den Wiesen- beziehungsweise den Großen Sauerampfer als Arche-Mitglied entschieden, aber dann habe ich die Rolle rückwärts gemacht. Nein, auch der saure, aber saftarme Kleine Sauerampfer kam nicht in Frage. Alle anderen Ampfer erst recht nicht, weil zu zäh, zu wenig saftig und zu wenig sauer für eine Welt nach der Sintflut. Aber schließlich wusste ich es. Der ab Juni so richtig auffallende Straußblütige Ampfer (*Rumex thyrsiflorus*) musste mit auf die Reise. Mit bis zu 1,3 Meter Höhe ist er ein rechter Hochstapler unter den Ampfern. Im Vergleich zu anderen Sauerampfer-Arten ist er nämlich deutlich ergiebiger, falls man ihn zwecks Ernährung anbauen möchte. Zudem ist er uns Menschen gegenüber toleranter, auch blüht er oftmals ganze vier Monate lang, bis in den Oktober hinein. Davon kann aber der wackere Wiesen-Sauerampfer nur träumen, vom Saft- und Säuregehalt mal ganz abgesehen.

Der Straußblütige Ampfer macht mit seinen dichten, blumensträußigen und – wenn es optimal läuft – rostroten Blütenständen seinem Namen alle Ehre. Schon von weitem ist er gut zu erkennen, selbst wenn sich nur eine einzige Pflanze auf der Wiese zeigt. Vor allem nach einer Mahd Anfang Juni bis Juli startet er so richtig durch. Auf einmal sieht man dann vor lauter Straußampfer nichts anderes mehr. Also ein ausgesprochenes Stehaufmännchen.

Häufig breitet er sich massiv aus und verdrängt gerade im Osten Deutschlands sowie in großen Flusstälern andere Arten. Mit diesem Hasardeur hat man die Trumpfkarte

Der Straußblütige Sauerampfer ist an den rostroten Blüten zu erkennen – hier an der Aller bei Verden.

gezogen, zumindest in Zeiten steigender Temperaturen und größerer Trockenheit. Denn nicht nur auf Wiesen und Weiden tummelt sich dieser Sauerampfer herum, er bemächtigt sich auch vieler Graben-, Straßen- und Wegränder, ebenso Böschungen und Dämmen aller Art; er ist ein Meister der Deiche. »Am Bahndamm stand ein Sauerampfer, / sieht Zug um Zug und keinen Dampfer. / Armer, armer Sauerampfer …« So zitierte Heinz Erhardt einst auf seine Weise den Dichter Joachim Ringelnatz. Aber mal ganz unter uns, da er ganz klar mein Lieblingsampfer ist, kann er gar nicht arm dran sein. Oder? Und wenn man ihn kappt, freut

er sich sogar diebisch, denn so wird fremde Konkurrenz durch seinen enormen Aufschwung begrenzt. Wie oft hat er mich auch »gerettet«, nach stundenlangen Touren ohne Nahrung und Wasser. Dann wird er von mir mit Vergnügen verspeist, und schon sind Durst und Hunger fürs Erste gestillt. Dass es so weit kommt, daran bin ich jedes Mal selbst schuld, habe ich doch Salami oder Schokoriegel im Auto liegengelassen. Was sicher damit zu tun hat, dass ich immer fest mit diesem tollen Typen, dem Sauerampfer, rechne. Ampfer zählen zu den Knöterichgewächsen (*Polygonaceae*), von denen es bei uns stolze 57 Arten in vier Gattungen gibt.

DIE FEUCHTWIESE

SUMPFDOTTERBLUME, BREITBLÄTTRIGES KNABENKRAUT UND SUMPF-LÄUSEKRAUT

Raus in die Natur

Die Qual der Wahl hat man, wenn man sich nun den Arten der Feuchtwiesen nähert. Feuchtwiesen gibt es im hohen Bergland, im Tiefland, insbesondere in Stromtälern, im Flach- und Hochmoor, mit und ohne Kalk, mit und fast ohne Nährstoffe. Selbst auch mal mehr und mal weniger feucht oder gar nass, mal wechselfeucht bis wechselnass, gerade in Gebieten mit im Jahresverlauf hohen Niederschlagsschwankungen. Und wenn man dann noch sämtliche Übergänge bedenkt, hat man es hier recht offensichtlich mit einer schwierigen und unübersichtlichen Materie zu tun. Feuchtwiesen sind wichtige Puffer zwischen unseren Feuchtwäldern, Röhrichten sowie Ufern und den intensiver bis intensivst bewirtschafteten Nutzflächen. Wie ein Schwamm halten sie das Wasser fest, und obwohl sie weniger gedüngt oder beweidet werden wie das Umland, sind sie wirtschaftlich ein Faktor (vor allem bei den nun längeren Trockenzeiten unserer Sommer). Sie dienen der Erholung und sind außerdem

wichtige Biotope für Tiere und Pflanzen. Nach dem Zweiten Weltkrieg war das Verhältnis von Grünland zu Acker 9:1 – heute ist es genau umgekehrt. Das hat fatale Folgen für unser Klima. Immer mehr Flächen werden gnadenlos entwässert, immer stärker hält der Ackerbau Einzug, sogar bis an unsere Flussufer. Mit allen erdenklich schlechten Einflüssen für Boden und Wasser. Daran ändert sich auch nichts, wenn wir heute wieder massenhaft Gras aussäen – vielleicht um das schlechte Gewissen zu beruhigen. So oder so, es bleiben Äcker, artenärmste Grasäcker eben. Niemals werden diese Aussaaten zu Wiesen oder Weiden, die nämlich reich an Kräutern sind.

Vor allem das Feuchtgrünland musste vielerorts daran glauben, fiel einem Agrarwahn zum Opfer. In Niedersachsen gibt es sogar schon Landkreise ohne eine einzige Sumpfdotterblumenwiese. Das muss man sich mal vorstellen: Eine bekannte Art, die früher regelrecht verfolgt wurde, wird nun als vermisst gemeldet.

Inzwischen habe ich meine Wahl getroffen. Drei Feuchtwiesenblumen müssen mit, eine häufige Art und zwei Pflanzen, die nur noch selten vorkommen, in einigen Gebieten sogar schon länger ausgestorben sind.

SUMPFDOTTERBLUME

Caltha palustris
Familie der Hahnenfußgewächse
(Ranunculaceae)

Natürlich geht es auch nicht ohne die Sumpfdotterblume *(Caltha palustris),* das hatte sich ja schon angedeutet.

In den 1950er Jahren war sie so häufig, dass man sie mit Rechen und Schaufeln teils von flachen Booten aus den damals im Mai noch oft überstauten Wiesen und Weiden zog. Oder man grub sie aus.

Heute findet man dieses giftige, daher vom Vieh nicht gefressene schicke Hahnenfußgewächs oft nur noch an Grabenrändern, schlickigen Flussufern, Bächen oder in Schilf-Röhrichten. Nur manchmal treten die Sumpfdotterblumen noch großflächig auf, in Auen- und Bruchwäldern.

Diese Pflanze ist eine besondere Augenweide. 20 bis 60 Zentimeter geht sie in die Höhe, ihre fast dunkelgrünen Blätter glänzen, sind kreisrund, schweinsohrartig und derb. Die Sumpfdotterblume ist ein sonnenliebender Nährstoffzeiger, eine wahre Butterblume, denn die gelben Blütenblätter eignen sich zum Färben von Nahrungsmitteln. Die Samen in den kapselartig aufgeblasenen, meist sechsteiligen Fruchtständen sind schwimmfähig – sicher ein Vorteil auf unserem Rettungsschiff.

In vielen Bundesländern ist sie eine aktuell gefährdete Kennart von Feuchtwiesen. Durch entsprechende Entwässerung und Düngung des Wirtschaftsgrünlands ist die Sumpfdotterblume momentan sogar ungebremst von Schwindsucht befallen.

Doch in Sümpfen lässt sich diese Leuchte schon ab Ende März zu Tausenden nicht die Butter vom Brot nehmen, dort ist sie Gott sei Dank noch gesichert.

Der Name *Caltha* ist vermutlich abgeleitet von griech. *kalathos* = Schale, und zwar wegen der schalenförmigen Blüten oder wegen der rundlichen Blätter der Sumpfdotterblume. Lat. *palustris* bedeutet »sumpfbewohnend« und weist auf den Standort hin.

Wunderschön, die goldgelben Blüten der Sumpf-Dotterblume. Wie ihr Name schon sagt, wächst sie an feuchten Standorten.

BREITBLÄTTRIGES KNABENKRAUT

Dactylorhiza majalis
Familie der Orchideen
(Orchidaceae)

Auf Feuchtwiesen ist auch einer der noch häufigeren Orchideen nicht zu verachten. Ich meine damit das Breitblättrige Knabenkraut *(Dactylorhiza majalis)*. Einige allzu forsche Forscher tauften diese Pflanze in »Fingerwurz« um, etwas, was ich hasse, denn es läuft dem von vielen doch schon Erlernten zuwider. Wir sollten doch vereinfachen, statt immer nur zu verkomplizieren!

Ich erinnere mich noch genau an den allerersten Fund dieser Art. Es war im Mai 1990 im Estetal, gelegen im schönen Landkreis Hamburg-Harburg. Was war das für eine Freude, wie ein Geschenk zu meinem dreißigsten Geburtstag, der bald folgen sollte …

Beim Breitblättrigen Knabenkraut handelt es sich um eine Knollen-Erdpflanze von zehn bis 70 Zentimeter Höhe, mit ungefleckten, nicht selten mit tiefschwarz gepunkteten, stets parallelnervigen Blättern. Das macht die Sache manchmal nervig, aber anhand von Blütezeit, Farbe und Wuchsort lassen sich andere Orchideen dann doch ausschließen. Lat. *majalis* bedeutet »im Mai blühend«, was diese Schönheit nicht davon abhält, im höheren Gebirge auch noch bis Anfang Juli zu blühen.

Vor allem Bienen tragen die klebrige Pollenmasse von Blüte zu Blüte auf meist feuchten bis quellnassen, aber nie lange überstauten, nie zu nährstoffarmen Lehm- und Tonböden. Das fruchtbare Geschehen trägt sich aber ebenso auf Wiesen und Weiden zu, an Gräben und wenig genutzten Wegen, sogar im lichten Wald (etwa in Bachtälern nach Erlenanpflanzungen). In vielen Gebieten, vor allem im norddeutschen Tiefland, ist das Knabenkraut stark im Sinkflug, bedingt durch Entwässerung, Nutzungsaufgabe, ständiges Befahren und Planieren von Grünland sowie durch einen fortschreitenden Nährstoffeintrag aus der Luft oder auch von den Rändern her.

Wie alle Orchideen ist auch diese Art geschützt. In größeren Beständen im binsen- und seggenreichen Feuchtgrünland ist sie eine der hübschesten Erscheinungen unserer heimischen Flora. Fast 90 Orchideen besitzen wir in Deutschland, auf allen möglichen und unmöglichen Standorten. Die Pflanzen

Das Breitblättrige Knabenkraut ist eine wahre Zierde in jeder Blumenwiese.

wachsen auf den Torfmoospolstern Norddeutschlands, auf Felsfluren und sogar im allerdunkelsten Wald. Manche sind Vollschmarotzer wie die Vogel-Nestwurz, einige blühen sehr früh im Jahr, andere, wie beispielsweise die Herbst-Drehwurz, machen im Vergleich dazu erst sehr spät im Jahr Aufhebens von sich.

Die knalligen pinkfarbenen Blüten des Breitblättrigen Knabenkrauts fallen sofort ins Auge.

SUMPF-LÄUSEKRAUT

Pedicularis palustris
Familie der Rachenblütler
(Scrophulariaceae)

Das Sumpf-Läusekraut *(Pedicularis palustris)* kommt deutlich seltener vor als das Breitblättrige Knabenkraut. Es ist eine bis 70 Zentimeter hohe Errungenschaft aus der Familie der Braunwurzgewächse *(Scrophulariaceae)*. Interessant: Es kann auch mit der Sumpfdotterblume kooperieren. Das Sumpf-Läusekraut bedient aber den nährstoffärmeren Flügel der Feuchtwiesen und wächst nie im Wald. Diese filigrane Pflanze mit ihren rosenroten, um zwei Zentimeter langen Blüten ist ein sogenannter Halbparasit, ein Halbschmarotzer, schon von weitem durch eine gewisse Blutarmut, äh, Chlorophyllarmut ins Auge fallend. Nährstoffe und Wasser zapft das Kraut mit den fein zerteilten, bis vier Zentimeter langen Blättern von umgebenden Wirtspflanzen ab. Ein zweifelhaftes Vergnügen, zumindest für die angepumpten Vertreter, denn die sehen dabei manchmal richtig mitgenommen aus. Kein Wunder, ihnen fehlt dann selbst Elementares. Von unseren neun Läusekraut-Arten ist das Sumpf-Läusekraut das zweithäufigste nach dem zarten Wald-Läusekraut. Letzteres gibt aber mit einer Höhe von nur 20 Zentimetern viel weniger her. Beide Läusekräuter sind bedeutende Hummelblumen – doch um an den gedeckten Tisch zu gelangen, müssen die wolligen Hummeln mit ihrem ganzen Gewicht die breite Öffnung der Kronröhre auseinanderdrücken – ein kleiner Kraftakt. Scheint sich aber zu lohnen, sie wollen tiefer und tiefer mit ihrem Kopf in die Blüte eindringen. Das Sumpf-Läusekraut ist aber bis auf das Alpenvorland und Teile des Erzgebirges in stetem Rückgang. Gut, dass wir es nun mitnehmen, um es der Nachwelt dann noch

zeigen zu können. Die Arche ist ja in der antiken Philosophie die Bezeichnung für den Urgrund der Welt, Ausgangsbasis für ihre Entstehung. Letztlich versuchte man damit das Prinzips des Seins zu erfassen. Was hab ich mir da nur vorgenommen ...
Trocknet man das anmutige Sumpf-Läusekraut, das im Hannoverschen Wendland auf einer Wiese noch zu Tausenden gedeiht, wird sie pechschwarz und hat dann so gar keine Ähnlichkeit mehr mit der Festlichkeit in freier Natur. Ich erstarre immer fast vor Ehrfurcht, wenn ich auf Läusekräuter treffe.

Ein bewährtes Hausmittel gegen Läuse war früher ein Sud des Sumpf-Läusekrauts.

Ich mag dann kaum irgendwo hintreten. Das war im August 2019 aber kein Problem, als ich südlich vom Tegernsee in Oberbayern auf dem Weg zum 1 826 Meter hohen Risserkogel auf »mein« – endlich – drittes Läusekraut traf, dem Kopfigen. Es wuchs hoch über mir, an und auf geschichteten Kalkfelsen, fernab vom Pfad. Früher fanden Läusekraut-Arten als Mittel gegen Läuse und andere ungebetene Gäste reißenden Absatz. Sollte auf der Arche eine Läuse-Epidemie ausbrechen, hat man die richtige Abwehrmaßnahme dabei.

DER SUMPF

FIEBERKLEE UND SUMPF-BLUTAUGE

Raus in die Natur

Nehmen die Gräser, vor allem die wirtschaftswichtigen Süßgräser, immer mehr ab, sei es aus Nährstoffmangel, aufgrund anhaltender Überschwemmungen oder verstärkter (Stau-)Nässe, kommt es zur Ausbildung von Sümpfen. Sie können artenarm (Schilf-Röhrichte), aber auch sehr artenreich sein – dann, wenn sie extensiv genutzt werden und im Zugriff der Landwirtschaft stehen. Das aber bedeutet, dass die Landwirte noch wirkliche Landwirte sind, ihr Land also bewirten und somit für uns alle.
Unser Parade-Bundesland ist da Bayern. Was sich hier in den Tälern von Iller, Lech, Loisach, Isar, Inn oder in Ufernähe der zahlreichen Seen diesbezüglich noch geboten wird, ist erstklassig. Aber ebenso in Norddeutschland – denn weiter sind wir auf unserer Einsammeltour Richtung Süden letztlich noch gar nicht gekommen – gibt es tolle Sümpfe. Diese lieben den Kontakt zu Hoch- und Flachmooren, zu Seen und nassen Auen- und Bruchwäldern.

Sümpfe sind wirtschaftlich von nachrangiger Bedeutung, weil schwer zu befahren und damit zu düngen. Viele Sumpfpflanzen sind auffallend wüchsig (nass ist es in ihrem Biotop ja zur Genüge), denken Sie nur an die Rohrkolben-Arten, ans Schneidried, ans Rohr-Glanzgras, an Teichbinsen und Wasser-Schwaden. Diese Seggen und Binsen sind oft scharfkantig, widerspenstig und zäh, tierisch betrachtet einfach eine Zumutung und deshalb nicht wirklich zu gebrauchen. Heute umso mehr, da im Grunde nur der schnelle Ertrag zählt, der Gewinn, der Profit. Schon früh erkannte daher der leidgeprüfte Landmann: »De Segg, de mutt weg!« Und so geschah es dann auch.
Was aus Sicht des Bauern und des lieben Viehs nur allzu verständlich ist – das Vieh frisst von den 120 Seggen-Arten in Deutschland nur in allerhöchster Not –, ist aus ökologischer Perspektive nicht nachzuvollziehen. Sümpfe sind für einen gesunden Naturhaushalt unverzichtbar. In erster Linie sind sie Wasserspeicher, gelten als natürlicher

Ein breiter Schilfrohr-Gürtel prägt die Sumpflandschaft. Schilf ist ein bedeutender Naturbaustoff.

Schwamm unserer Auen- und Moorland-
schaften. Entwässert wurde jahrzehntelang
sehr schnell. Heute wieder ein Gebiet aus
Umweltschutzgründen vernässt zu bekommen, kostet viel: Geld, Mühe, Wissen und
Zeit. Zumal der Untergrund, die Böden an
sich schon irreversibel geschädigt sind. Sie
verstehen jetzt sicher, warum ich aus diesem
weiten, sumpfigen Feld zwei typische Pflanzen für die Arche auserkoren habe, um sie
vor dem Aussterben zu retten. .

FIEBERKLEE

Menyanthes trifoliata
Familie der Fieberkleegewächse
(Menyanthaceae)

Der Fieberklee (*Menyanthes trifoliata*) ist
eine eifrig blühende Rakete von 30 Zentime-

ter Höhe. Fast ein wenig divenhaft gibt er
sich mit seinen schneeweißen Blüten, galaktisch eben (übrigens von griech. *gala* =
Milch), die sich von April bis Anfang Juni
zur Schau stellen. Einerseits wirkt er durch-
scheinend und zerbrechlich wie hauchdün-
nes Teeporzellan, andererseits verhält er sich
an geeigneten Stellen regelrecht raumgreifend mit überaus kräftigen Rhizomen. Mitunter streben diese Rhizome so aufs freie
Wasser vor und bildet Schwingrasen aus. Wer
auf diese schwimmende Grünfläche unbe-
darft tritt, muss mit bösen Folgen rechnen.
Bei mir endete das schon mal mit einer
nassen Unterhose.
Diese gegen Nährstoffeinträge und bei Beweidung ziemlich empfindliche, bundesweit
geschützte Pflanze ist weltweit die Einzige
ihrer Gattung. Einzigartig ist auch das Ensemble der dreiteiligen, bläulich-grünen
Blätter. Jedes Teilblättchen wird vier bis zehn
Zentimeter lang. Die Blätter entspringen dem

Die schneeweißen Blüten des Fieberklees wirken geradezu galaktisch.

kriechenden Wurzelstock. Die weißen, außen mal blassrosa überlaufenden, fünfblättrigen, bis zwei Zentimeter breiten Blüten brillieren mit ihren zahlreichen Blatthaaren. Ganz grandios und vornehm sieht das aus, verstärkt wird dieser Eindruck noch durch die vielen violetten Staubfäden. Ich kann mich an diesen attraktiven Blüten nie sattsehen. Der Fieberklee ist ein Licht-, Nässe-, Säure- und Torfschlammzeiger mit schwimmfähigen Samen. Wertvoll für Hummeln und sich in den Alpen bis auf 1 820 Meter Höhe hochschraubend. Auf der Erde ist er aber seit Langem schon in stetem Rückgang, vielfach durch Beschattung aufgrund von immer weiter fortschreitender Nutzungsaufgabe sowie durch Entwässerung. Da greifen wir jetzt aber ein, davon kommen ein paar Exemplare mit aufs Schiff.

SUMPF-BLUTAUGE

Potentilla palustris
Familie der Rosengewächse
(*Rosaceae*)

Das Sumpf-Blutauge (*Potentilla palustris*) ist ein Rosengewächs, eine Art von fast 500 in hier 28 Gattungen. Es ist eine ganz besondere Pflanze, weil ein einziger Blick zur Unterscheidung genügt. Die Wuchshöhe von 30 bis 100 Zentimeter, die blaugrünen, drei- bis siebenteiligen Blätter und die braunroten Stängel der Pflanze sind es noch nicht einmal. Besonders auffallend sind vielmehr die bis drei Zentimeter breiten, dunkelbraun-roten Blüten. Richtige Teufelsaugen sind das, noch verstärkt durch oberseits gleich gefärbte Kelchblätter. Gerne hocken sie zahlreich an liegenden bis bogig aufsteigenden Stängeln im und am Wasser zusammen, auf Torfmoospolstern, in alten Torfstichen sowie in nährstoff- und kalkarmen Sümpfen. Cher,

Kleopatra oder Nina Hagen mögen einen dann anschauen ...
Das Sumpf-Blutauge bildet ausgedehnte Teppiche durch sich immer wieder bewurzelnde Rhizome. Ihre Einzigartigkeit hat dazu geführt, für sie sogar eine eigene Gattung zu installieren: *Comarum*. Zum Glück hat sich dieser Unfug dann doch nicht durchgesetzt. Diese Pflanze besticht durch Distanz, Schönheit und Mut an ihren oft unwirtlichen Wuchsorten. Auch da kann man nämlich schon mal übel versinken – drum tüte ich die Pflanze jetzt ein.

Das Rhizom des Sumpf-Blutauges enhält viele Gerbstoffe und zudem einen roten Farbstoff, der zum Färben verwendet wurde.

DIE NORDSEEKÜSTE

STRANDDISTEL

Raus in die Natur

Im Anschluss an die Wucht der Nordseewellen etablieren sich vor allem längs der Nordseeinseln mithilfe der stetigen Brise die bis zu 30 Meter hoch aufragenden Weißdünen. Die ersten trutzigen Naturwehren auf dem weiten Weg nach Süden. Wer hier gedeiht, muss extrem hart im Nehmen sein. Ständig droht Gefahr: Sturmfluten, Orkane, Tritt durch Touristen, Nährstoffeintrag und nicht zuletzt die Bulte (bewachsene Bodenkissen) des starken Strandhafers.

Kalkreich ist es an diesen Standorten, denn die zermahlenen Muscheln liefern diesen Bodengrundstoff frei Haus. Hinzu kommt noch der Kot von Robben und Seehunden, Möwen und all den anderen knuddeligen Vogelarten – stellvertretend sei nur der unablässige Knutt genannt, ein Vogel aus der Familie der Schnepfenvögel. Stets düst er rastlos hin und her, möglichst nah an den Wellen. Eigentlich ist es in diesem Extrembiotop extrem artenarm. An diesen Ort verschlägt es nur ganz wenige Pflanzen, darunter neben

dem Strandhafer noch Strandroggen (beide werden zur Küstensicherung auch gepflanzt), Kali-Salzkraut, Meersenf, Strandmiere, Sand-Lieschgras, Sand-Schillergras, Binsen- und Dünen-Quecke.

Wer es auf den Weißdünen aushält, der muss extrem gut im Durchwurzeln sein und muss außerdem gut mit dem aufwehenden Sand klarkommen. Oder manche von ihnen nehmen den Umweg erst über den Samen am vor Nährstoffen triefenden unteren Spülsaum dieser Weißdünen. Dynamik ist hier erste Pflanzenpflicht. Hat man sich aber erst auf diese Widrigkeiten eingestellt und entpuppt sich als völlig angepasst, lässt es sich angenehm ausharren. Auf die Palme bringen diese Arten dann nur noch außergewöhnliche Sturmfluten, denn gegen Abtrag von Land durch bombastische Wellen sind auch diese Wuchsmeister letztlich machtlos. Übrigens genauso wie gegen übermäßigen Tritt durch allzu forsche Touristen.

STRANDDISTEL

Eryngium maritimum
Familie der Doldenblütler
(Apiaceae)

Die edle Stranddistel *(Eryngium maritimum)* ist so eine Pflanze, die das salzhaltige Strandleben liebt. Sie hat das gewisse Etwas und besticht uns mit ihrer Schönheit. Sie ist so apart stachelig, dass ich bei ihrem Anblick ins Träumen gerate. Zwar kommt dieser 20 bis 80 Zentimeter hohe, meist breite Doldenblütler (ja, richtig, die Stranddistel ist keine Distel, sie ist mit den Möhren, dem Fenchel und dem Dill verwandt) auch an der Ostsee vor, ist hier aber bedeutend seltener als längs der Nordsee. Die Hauptvorkommen befinden sich auf den Inseln Sylt und Wangerooge, mit leider abnehmender Tendenz.

Diese stark gefährdete, blaugrüne, mit starken Dornen gegen Viehverbiss und die Winderosion gewappnete Naturkreation hat ganz sicher das Zeug für »Jürgens Arche«. Manche kennen sie unter der Bezeichnung »Strand-Mannstreu« oder »Seemannstreu«. Die Pflanze besitzt drei- bis fünflappige Blätter, auf denen von Juni bis August die halbkugeligen, dichten Dolden drapiert sind. Ein wunderbares Schauspiel, man würde diese Stranddistel am liebsten mitnehmen. Aber nein, diese Art ist streng geschützt. Angucken ja, abpflücken nie. Wäre auch wegen der Dornen sehr schmerzhaft für jeden, der es versucht.

Immerhin: Wer nicht auf diese bezaubernde Dünenpflanze verzichten will, kann sie sich kultiviert in den Garten holen, mag er einen noch so kargen Boden haben.

Als Doldenblütler wird sie von Schmetterlingen und Fluginsekten umschwirrt, ist also zudem sehr nützlich.

Vor allem an windumtosten Stellen übernimmt die echte, unkultivierte Stranddistel mit ihren tief reichenden Wurzeln eine ganz wichtige Funktion bei der Dünensicherung; sie benötigt dafür geradezu den aufwehenden Wind. Bei Windstille und damit bei Humusanreicherung verkümmert diese lobenswerte Attraktion mit der Prise Salz schnell und wird dann mickrig und unansehnlich. Die Familie der Doldenblütler umfassen bei uns 45 Gattungen mit etwa 106 Arten. Eigentlich gleich 20 davon würde ich gerne vom Fleck weg auf mein Rettungsschiff verfrachten.

Trotz ihres stacheligen Äußeren wird die Stranddistel gern von Schmetterlingen und Fluginsekten umschwärmt.

DIE OSTSEEKÜSTE

STRAND-PLATTERBSE UND SUMPF-GÄNSEDISTEL

Raus in die Natur

Die Ostseeküste ist im Gegensatz zur Nordseeküste aus ganz anderem Holz geschnitzt, das kann man sogar wortwörtlich nehmen. Grenzen in Deutschland an der gesamten Nordsee Wälder nur kleinflächig in Dangast im Oldenburgischen und bei Cuxhaven an (Arensch, Berensch, Sahlenburg, Wernerwald), passiert das längs der Ostsee in schöner Regelmäßigkeit. Flachküsten sind hier in der Minderheit, stattdessen gibt es Steilküsten, wobei sie – vielleicht auch etwas übertrieben – Kliffs genannt werden. Aber wer schon einmal auf dem Königsstuhl auf Rügen oder auf dem Streckelsberg auf Usedom stand, versteht schon, warum der Ausdruck »Kliff« nicht so ganz abwegig ist – hier geht es tatsächlich rasant abwärts. In abgeschwächter Form sind Steilküsten in Flensburg, Kiel, Lübeck sowie im Klützer Winkel zu finden, ebenso auf dem Darß, auf der Insel Poel oder am Stettiner Haff.

An der Ostsee ist alles ganz anders, drum ist sie mir auch lieber, weil abwechslungsreicher.

Von der Wetterbeständigkeit mal abgesehen, sind die Sommer hier trockener und wärmer als an der Nordsee. So ist die dänische Insel Bornholm der sonnenreichste Fleck. Ich will dem selbstbewussten Sylt nicht zu nahetreten, ich war noch nie dort, aber in der Ostsee sind die Inseln deutlich größer: Fehmarn, Usedom und vor allem Rügen.

Jedes Mal, wenn ich auf die Ostsee blicke, bin ich tief ergriffen, das muss wohl mit meinem Geburtsort Flensburg zusammenhängen. Zwar war ich seit 1966 erst ein einziges Mal wieder dort, und das nur für sechs Stunden, aber was man in sich hat, das hat man in sich. Ich fühle den Osten, dieses Baltische See genannte Meer.

Der Meersenf der Nordsee blüht hier nicht nur weiß, sondern so wunderbar blass-violett. Genauso ist das bei einer Unterart der Zaun-Winde zu beobachten, der Baltischen Winde. Eindeutig ist es an der Ostsee bunter als an der Nordsee. Schon die knallgelben Rapsfelder im Mai und Juni zum schwedenblauen Himmel, wenn man sich der Ostsee

Die Strand-Platterbse färbt ihre Blüten von purpurviolett in blau – hier im Loisachtal bei Kloster Ettal.

nähert – das ist unschlagbar. Und etwas dunkelblauer ahnt man bereits das Meer unterm Horizont ...

Edaphisch, also bodenbedingt, ist der Ostseerand sowieso besonders. Das hat mit der allerletzten Eiszeit zu tun, der Weichsel-Kaltzeit, die die Ostseeküste vor etwa 20 000 Jahren noch ein letztes Mal komplett überfuhr. Die arme, also daher auch sandarme Nordsee wurde dagegen nicht mehr erreicht. Die Küstenlinien der Ostsee sind überwiegend noch ursprünglich, es geht mal vor und mal zurück, zackiger halt, es fehlen nämlich die mächtigen, teils schnurgerade verlaufenden, langweiligen Deiche der Nordsee. Von den flachen Sandstränden der Ostsee und den steil ins Meer herabfallenden Kliffküsten mit noch natürlicher Dynamik werden zwei

ansehnliche Arten aufgelesen, die an der Nordsee zwar ebenfalls vorkommen, aber an jenem Meer ganz überwiegend nur noch mit der Lupe zu finden sind.

───────────

STRAND-PLATTERBSE

Lathyrus maritimus
Familie der Hülsenfrüchtler
(Fabaceae)

───────────

Die Strand-Platterbse (*Lathyrus maritimus*) besticht vor allem im letzten Stadium, wenn sie wie Angelhaken ihre opulenten, bis acht Zentimeter langen blaugrünen Schoten auswirft. Da sie vorher höchstens 12 zunächst purpurviolette, dann blaue Blüten an einer Traube hatte, können es später auch nicht mehr Schoten sein – eine alte Botanikerweisheit, eine Binsenweisheit. Hart wie Binsen sind ihre bis ein Meter langen blaugrünen Sprosse, die flach auf dem Sandboden liegen oder leicht im angrenzenden Gras herumklettern. Die Pflanze ist eine Grenzgängerin – am liebsten vereint mit Meersenf, Salzkraut, Strandhafer und Strandroggen. Toll findet sie es da, wo der Wind ständig bläst, die Muscheln knirschen, die Feuchtigkeit ausgeweht wird und sich sogar die Touristen hinfläzen. Umwerfend ist ihr Kontrast zum gleißenden Hell der Umgebung. Eine geschützte Art, die jetzt sogar eine Namensänderung hinter sich hat. Der deutsche Name ist zwar geblieben, doch aus dem Lateinischen wurde *Lathyrus japonicus*! Was das soll? Null Ahnung! Aber jetzt eben auch gut zu wissen, dass es diese Pflanze selbst im fernen Japan gibt.

Die Strand-Platterbse blüht von Juni bis Juli. Sie verbreitet sich selbst, indem sie ihre Samenschoten wegschleudert.

Die Sumpf-Gänsedistel ist eine salzertragende Pflanze, die Ufer, Gräben und Sumpfwiesen besiedelt.

SUMPF-GÄNSEDISTEL

Sonchus palustris
Familie der Korblütler
(Asteraceae)

Ein zwei bis fast vier Meter hohes Pracht-stück der Kliffküsten lässt sich nicht dreimal bitten: Die Sumpf-Gänsedistel *(Sonchus palustris)* hat ebenso an unseren Kanälen, im Osten Deutschlands an Seen und in Sümpfen sowie in Bayern längs von Flüssen und in Hochstaudenfluren Platz genommen. Sie kündet von enormem Vorwärtsdrang. Diese salzliebende Pflanze mit drei bis manchmal 20 steif aufrechten, stets unverzweigten Stängeln ist herzerwärmend. An der Ostsee kommt diese Aufrichtigkeit häufiger zum Zuge. Denn lästiger Sanddorn, stalkende Schlehen, Haselnuss, wilde Rosen und Weiß-dorn werden ignoriert, links liegen gelassen. Sie gedeiht auf quellnassem Untergrund, und hat keine Einwände, wenn dieser kalk- und nährstoffreich ist, sogar das Kiesig-Lehmige

hat nichts Abstoßendes für sie. Und ob der Boden auch noch ab- und nachrutscht, das ist für sie kein Thema. Die Sumpf-Gänsedis-tel ist eine Pflanze, die zwischen Flensburg und Usedom gleichsam über dünnes Eis gehen kann, auch mal Schlitten und dann als Ganzes zu Tal fährt. Man kann diese Art sogar essen, aber erwarten Sie bitte keine Offenbarung, denn sie enthält reichlich bitteren Milchsaft. Doch gesund soll sie sein. Sie besticht mit hellgelben, stark bedrüsten Blüten und Blütenstielen sowie mit unregel-mäßig auffallend grünblau zerteilten Blät-tern. Dazu ist sie ein Musterbeispiel für meinen Lieblingssport, die Mumienbotanik, die pflanzlichen Leichenschau. Man könnte von einer Grün-, besser Grau-Pathologie sprechen. Was gemeint ist: Völlig abgewrackt kann man diese so veritable Sumpf-Gänse-distel etwa aus dem Jahr 2018 vollkommen trocken und vollständig neben den frischen Exemplaren von 2019 identifizieren. Eins zu eins das Kommen und Gehen einer Art an ein und demselben Wuchsort nachvollzie-hen. Was will man mehr?

DIE SALZWIESE

GEWÖHNLICHER STRANDFLIEDER

Raus in die Natur

Gegenüber den Dünen, also landseitig und damit der beruhigteren Seite angelehnt, lagern auf den Inseln und in meist breiteren Streifen den Festlandsküsten die Salzwiesen vor. Besonders an der Nordsee sind sie hervorragend ausgeprägt, an der Ostsee tauchen sie oft nur lagunenartig zwischen den Kliffküsten oder ziemlich kleinflächig auf den Inseln auf.

An der Nordsee kommt und geht das Wasser viermal am Tag, jedes Mal bringt die Tide Kalk, Nährstoffe und Nässe mit. Der Untergrund ist sandig, schlickig (oder beides zusammen), mitunter auch kiesig. Die Wellen laufen meist gemütlich aus, wenn durch Sturm keine Gefahr in Verzug ist. Hier gedeihen Pflanzen, die über spezielle Drüsen Salz aktiv ausscheiden können. Damit verhindert die Pflanze, ein obligater Halophyt (braucht also das Meersalz), dass die Salzanreicherung in den Blättern überhandnimmt. Pro Salzdrüse kann in einer Stunde bis zu 0,5 Milliliter Salzlösung nach außen transpor-

tiert werden. Und mache Pflanzen, wie beispielsweise der Gewöhnliche Strandflieder, besitzen auf ihrer Epidermis pro Quadratzentimeter Blattoberfläche bis zu 3 000 dieser Absalzdrüsen!

Echte Spezialisten sind da am Werk, die oft noch weidenden und trampelnden Rindern und Schafen, manchmal Pferden trotzen müssen. Eine gelegentliche Überschlickung wird ebenfalls ertragen, wodurch dieser Lebensraum als hochproduktiv gilt. Die ansässigen Landwirte würden ihn gerne mehr nutzen, nur der Naturschutz hat etwas dagegen. Leider, muss man in diesem Fall ausdrücklich sagen. Durch ausbleibende Nutzung, durch falsch verstandenen Artenschutz, durch kontraproduktiven Biotopschutz ist es gerade an der Nordsee in den letzten Jahrzehnten zu massivem Aufkommen von Schilf und Quecken-Arten gekommen. Die selteneren Brutvögel sind dadurch kaum noch zu sehen. Sie agieren ja stets auf Sicht, weshalb Flucht nicht das Problem ist, ganz im Gegenteil.

Der Gewöhnliche Strandflieder ist ein Bewohner der Salzwiesen im Küstenbereich. Er steht auf der Liste der bedrohten Arten.

Wieso richtet man eigentlich Schutzgebiete ein, wenn man dann aber oft nichts Besseres zu tun hat, als alte Traditionen und gewachsene Strukturen per Federstrich zu ändern. Ein Feder würde das nie machen! Man darf mal lenken, mal gezielt eingreifen, ansonsten ist doch wohl viel eher den jahrzehntelangen Küstendienstleistern zu vertrauen.

GEWÖHNLICHER STRANDFLIEDER

Limonium vulgare
Familie der Bleiwurzgewächse
(Plumbaginaceae)

Hier muss dringend eine Bewusstseinsänderung eintreten, denn von gelegentlicher Weidenutzung profitiert gerade dieser auch bei Naturschützern so beliebte Gewöhnliche Strandflieder *(Limonium vulgare)*. Diese kokette, dabei auch gebieterische, ja stets platzhalterige Art leuchtet, was das Zeug hält: Er übertrifft dann das im Hochsommer schon völlig verblichene Englische Löffelkraut, das Milchkraut oder auch die seltenere Strand-Segge um Längen. Vor allem Nordseeurlauber verbinden diese weithin violett blühende Extravaganz in den Salzwiesen mit ihren Ferien. Ein tolles Erlebnis, wenn man etwa mit der Wangerooger Inselbahn mitten durch solche Strandfliederwiesen tuckert, der alte Leuchtturm im Hintergrund – der Gewöhnliche Strandflieder konnte nicht besser platziert werden. Für mich ein Postkartenbild, das mich jedes Mal von Neuem sehr bewegt, wenn ich es mir in Erinnerung rufe. Die Pflanze wird 20 bis 50 Zentimeter hoch und brilliert vor der Blüte ab August mit seinen derb-ledrigen, völlig kahlen, düster-grünen Blättern. Sie stehen oft steif aufrecht und schützen so gegen Wind und Wellen. Die blattlosen Blütenstängel sind extrem widerstandsfähig und biegsam. In Ähren und Ährchen tragen sie zahlreiche hell- bis dunkelviolette, fast ein Zentimeter lange Blüten. Diese begeistern durch einen trockenhäutigen Kelch, weshalb man sie einst als Trockensträuße verkaufte. Das Abpflücken des Gewöhnlichen Strandflieders ist aber nicht mehr erlaubt, denn diese Salzpflanze ist inzwischen geschützt. Vor allem an der Ostsee ist sie in stetem Rückgang. Während der Blütezeit wird der Gewöhnliche Strandflieder von Insekten bestäubt. Er hat eine besondere Funktion im Ökosystem mit seinen vielschichtigen Wechselbeziehungen, so ist er auch die Futterpflanze für die Raupe des Salzwiesen-Kleinspanners. Es handelt sich bei diesem Strandflieder um ein oft gesellig auftretendes Bleiwurzgewächs *(Plumbaginaceae)*. Davon besitzen wir nur zwei Gattungen mit zwei – andere Gelehrte sagen, mit sieben – Arten: Die ebenfalls salzliebenden Grasnelken sollte man aber zu einer einzigen Art zusammenfassen, denn die Unterschiede sind nur marginal.

DIE MARSCHWIESE

MÄUSESCHWÄNZCHEN UND ERDBEER-KLEE

Raus in die Natur

Wiese ist nicht gleich Wiese. Es gibt Moorwiesen, Salzmarschwiesen, normale Wiesen, Bergwiesen und alpine Wiesen. Ich erinnere daran, nur 111 Arten hat mein Budget. Die Marschwiesen längs der Küsten und Flussunterläufe sind tonig-schlickig, Kleiböden werden sie genannt. Sie sind überwiegend feucht, sehr nährstoffreich, salzbeeinflusst und daher überaus produktiv – also ideales Weideland, leider aber auch zunehmend Ackerland. Selbst hinter den Deichen finden sich immer häufiger Weizen- und Maisfelder, eine unheilvolle Entwicklung. Zur Entwässerung von Marschwiesen wurden in historischer Zeit sogenannte Grüppen angelegt, einen Begriff, den man im Osten und Süden der Republik gar nicht kennt. Das sind diese flachen Rinnen, in denen das Wasser verzögert abzieht. Das Wiesenprofil ist hier also insgesamt wellenartig, für die heutigen Gras- und Maisäcker werden diese gelungenen Grüppen leider platt gepflügt und sind deshalb immer seltener zu sehen.

Neben dem Wiesen-Kammgras und der Roggen-Gerste, neben dominantem Ausdauerndem Weidelgras kommen nun zwei vorwitzige Pflanzen zum Zuge, die man gut und gerne dem Komödienstadel hätte entnehmen können. Entsprechend der doch intensiven Beweidung hinter den Küstenlinien haben sie es nicht so mit der Wuchshöhe, man muss mit scharfen Augen unterwegs sein und die Trittstellen, die nasseren Geländesenken, die Bereiche mit erhöhter Nährstoffzufuhr abklappern. Das kann mühevoll sein und muss auch nicht unbedingt von Erfolg gekrönt sein.

Ich habe das gemacht, von den Niederlanden bis Hamburg, entlang der niedersächsischen Nordsee, inklusive Fluss- und Stromunterläufen. Von Ems, Hunte, Weser, Oste, Elbe und den zahlreichen Tiefs – eine küstennahe Bezeichnung für die praktisch gefällefreien Vorfluter der an sich artenarmen Nordseemarsch. Eine Fleißarbeit sondergleichen, manchmal nahe am Wahn, wenn immer noch irgendwo ein Nachweis fehlte.

Seinen Namen verdient sich das Mäuseschwänzchen wegen der mäuseschwanzartigen Fruchtstände.

MÄUSESCHWÄNZCHEN

Myosurus minimus
Familie der Hahnenfußgewächse
(*Ranunculaceae*)

Lachen ist gesund, aber Urkomisches verbietet sich eigentlich in der Natur. Denn alles folgt hier einem Plan, hat einen Sinn, ist abgestimmt, ohne jeden Luxus. Natur ist ein ausgeklügeltes Machwerk. Auch wenn der Mensch es selten so sieht, vielleicht deshalb, weil er es nicht unbedingt versteht. Ich selbst lache viel und gerne und entdecke in nicht wenigen Geschöpfen Witziges, das mich zum Schmunzeln, zum Freuen, zum Beömmeln bringt. Das ist oft dringend notwendig, denn andere Naturbeobachtungen – der negativen Art – sind häufig nur noch ein Ärgernis. Wenn es um Komik geht, schlägt da eine Pflanze dem Fass den Boden aus, eine etwas bemitleidenswerte Pflanze: Das bis zehn Zentimeter hohe, ulkige Mäuseschwänzchen (*Myosurus minimus*) ist ein kleiner Gernegroß, ein schräger Vogel, sein Name ist buchstäblich Programm. Eine Art ohne Firlefanz, ein Ausdruck der Bescheidenheit, aber ein Muster an Effektivität. Dieses seltene, manchmal auch noch häufigere Gewächs des Weidegrünlands wächst unverdrossen längs der Küsten und in den großen Flusstälern. Wegen seiner Exklusivität, Laszivität, Skurrilität und Zwergenhaftigkeit ist es bei meinem Vorhaben ein Muss. Es dient dem Amüsement auf meiner Arche! Zunächst erkennt man etwa ab Februar undefinierbare grüne Sternchen im Sand und Schlamm. Ebenso akzeptiert sind Tiertrifte, Weideeingänge, Melk- und Tränkstellen, abgelassene Teiche, nasse Äcker und Ufer sowie Gärtnereien. Ja, selbst Friedhöfe mit stetig leckenden Wasserhähnen sind dieser Pflanze genehm. Jedes Blättchen ist kaum einen Zentimeter lang, stets im offenen, grundfeuchten, nährstoffreichen Boden.

Diese strecken sich, oft bogig aufsteigend bis sich – quasi wie Phönix aus der Asche – in der Pflanzenmitte an blattlosen, kahlen Stängeln eiförmige Blütenstände einstellen. Oft viele je Pflanze, diese fast ohne Blütenblätter. Die Blüten sind grünlich, sie blühen von April bis Mai, selten noch im Juni.

Als wäre das nicht albern genug, weiten sich die Blüten zu mäuseschwanzartigen, schlanken Fruchtständen bis fünf Zentimeter Länge aus. Sie ragen dann in alle Himmelsrichtungen, während die Grundblätter oft schon wieder verdorren.

Das Mäuseschwänzchen ist ein einjähriges, ungewöhnliches Hahnenfußgewächs (Ranunculaceae), gar giftig wie all die anderen auch, fast lächerlich, zumindest was zum Schmunzeln. Wer diese Familienzugehörigkeit herausgefunden hat, hat in meinen Augen einen Orden verdient für die beste Wahrnehmung. Erstaunlich ist auch sein Biotop: Kühe oder Pferde müssen den feuchten Boden den Sommer und Herbst über mit ihrem Kot durchtreten. Dieses Gemisch braucht dann im Winter und zeitigen Frühjahr absolute Ruhe, um dann diese Art hervorzubringen. Zu frühe und zu lange Beweidung gefährdet den Erfolg, macht ihn sogar meist zunichte. In keinem Bundesland ist dieses Mäuseschwänzchen so häufig wie in Niedersachsen – früher setzte ich ihm regelrecht nach und klapperte per Fahrrad fast alle Wuchsstellen ab.

ERDBEER-KLEE

Trifolium fragiferum
Familie der Hülsenfrüchtler
(Fabaceae)

Noch abgedrehter kommt der Erdbeer-Klee *(Trifolium fragiferum)* daher, fast scheint das gar nicht mehr möglich. Ist aber so. Zunächst lässt sich an diesem sehr an den viel häufigeren Weiß-Klee erinnernden Kriecher nichts Besonderes ausmachen. Die Blätter sind etwas bläulich-grüner, doch die kleinen Blütenköpfe sehen partout Weißklee-verdächtig aus. Doch schaut man genauer hin, erkennt man, dass sie oft kleiner sind als die des nahen Verwandten, meist auch nur halbkugelig und immer rosa angehaucht. Richtig rot zwar nie, aber doch deutlich gerötet, fleischfarben eben.

Mit bis zu 30 Zentimeter Breite und nur sehr geringer Höhe ist der Erdbeer-Klee wahrhaftig kein Himmelsstürmer oder eine plantare Steilvorlage, eher ein Statist. Aber was für einer: Ab Juli arten nämlich diese zunächst nur bis ein Zentimeter breiten Blütenköpfe zu bis 2,5 Zentimeter breiten Luftkugeln aus, Wattebäuschchen gleich, aufgetrieben, wirklich wie Erdbeeren aussehend. Zwar längst nicht so schmackhaft, dafür aber federleicht und völlig aufgeblasen. Na also, doch noch ein echter Hochstapler im Kleinen! Die stark behaarten Fruchtstände sind schwimmfähig, auf den feuchten bis nassen Standorten von unschätzbarem Vorteil. Er ist ein seltener Lebenskünstler der fetten Weiden, die gern betreten werden dürfen. Offene Bodenstellen kommen ihm da recht. Salz ist dem Klee nicht wurscht – nur her damit! Er ist zudem ein Pfützenbesiedler, ein Gnom der Mähstreifen, ein Zwerg der Pfade. Ein vorwitziges Pflänzchen, ich lache mich jedes Mal scheckig, wenn ich ihn sehe. Schon eingesackt, ein unverzichtbarer Arche-Kandidat.

Die Blütenköpfe des Erdbeer-Klees sehen tatsächlich wie kleine Erdbeeren aus, nur eben luftgefüllt.

DER GRABEN

KRIECHENDER GÜNSEL, WASSERFEDER UND GEWÖHNLICHES LEINKRAUT

Raus in die Natur

Gräben bestimmen in weiten Teilen unsere Landschaft, vor allem kilometerlang im nord- und ostdeutschen Tiefland, ebenso in den Bergtälern der Gebirge. Überschüssiges Wasser wurde durch die Gräben seit jeher abgeleitet. Wenn Bäche und Flüsse es nicht schafften, wurden künstliche Gräben angelegt, die dienten als kleine Vorfluter. Breitere Gräben ab drei Meter werden Fleete, Kanäle, Wasserlöse oder Wettern genannt – je nach Landschaft und Region.

Wasser fließt hier selten, meist sind diese Gräben im Laufe eines Jahres wechselnd mit Wasser beschickt, und sie sind dazu sehr nährstoffreich. Mal nass, mal abgetrocknet, das ist ihre Welt. Sie gliedern die Landschaft, verbinden und unterbrechen, sie leiten, leiten ab, leiten ein, verleiten.

Hier kommt eine Vielzahl von ganz unterschiedlichen Pflanzen ins Spiel. An den Rändern wachsen beispielsweise die Pflanzen der bereits erwähnten Arten der Feuchtwiesen und Sümpfe, bei dauerhaft höheren Wasserständen auch jene von Seen und Teichen. Wer nur im Wasser sein möchte, ist hier fehl am Platz. Plötzlich anfallendes Wasser muss jedoch nicht nur ausgehalten, es muss auch gemocht werden.

Zusätzlich wird hier noch gemäht, gemacht, abgegraben, gepflanzt und gerodet. Meist ohne Plan, nach Lust und Laune, oft ohne Sinn und Verstand. In Zeiten des allgemeinen Amphibien-, Heuschrecken- und Insektensterbens geht es dann trotzdem noch runter von 20 Zentimeter auf zehn Zentimeter. Ich könnte dann ausrasten, wenn ich das sehe. So ein ausgemachter Unfug.

Wer ordnet das immer noch an? Hallo? Ist das etwa verantwortungsvoll? Das weiß man doch inzwischen, dass man auf diese Weise Artenschutz verhindert. Aber um zu einem anderen Verhalten zu kommen, wird es wohl noch dauern. Doch wie viel Zeit haben wir eigentlich noch?

Aus den getrockneten blühenden Pflanzenteilen des Günsels lässt sich ein Tee zubereiten.

KRIECHENDER GÜNSEL

Ajuga reptans
Familie der Lippenblütler
(Lamiaceae)

Mit dem Kriechenden Günsel *(Ajuga reptans)* hadere ich schon eine Weile, nun habe ich ihn endgültig im Arche-Team akzeptiert. Nicht dass ich diesen kecken Lippenblütler nicht toll finden würde, ganz im Gegenteil. Aber es gibt da so viele Mitbewerber ... Von einigen nahm ich inzwischen doch wieder Abstand, ein ewiges Hin und Her – etwa wegen zu geringer Größe oder zu großer Seltenheit. Nun ist der zehn bis 35 Zentimeter hohe Kriechende Günsel auch kein Riese, aber wenn er im April bis Juni, im Bergland noch bis August, dunkelblau blüht, könnte man ihn sogar für eine Orchidee halten. Tatsächlich wollten mir das zwei Landwirte in den 1990er Jahren weismachen und begleiteten mich freudestrahlend zur Fundstelle. Blau blühende Orchideen – schon auf dem Weg dorthin wurde mir ein bisschen flau im Magen. Natürlich waren es keine Orchideen, sondern ebendieser Kriechende

Günsel. Um die Bauern nicht zu enttäuschen, erinnerte ich mich meiner schauspielerischen Qualitäten und strahlte die gestandenen Männer an. Das war auch kein Problem für mich, denn diese gesellige, sogar in Teppichen auftrumpfende und feuchtigkeitsliebende Pflanze löst zweifellos Begeisterung in mir aus. Orchidee hin oder her. Und dann ist der Kriechende Günsel noch breit aufgestellt: Neben Bächen, Gräben, Quellen und Ufern findet er sich in Wiesen, in ungedüngten Haus- und Parkrasen, in feuchten Wäldern, auf und an Waldwegen sowie ab und zu sogar in Mauerritzen. Diese Angebotspalette bieten nicht viele Pflanzen an, und immer deutet der Kriecher auf Artenreichtum hin. Auf eine Wiese oder Weide mit dem smarten Günsel muss man als Kartierer rauf, er ist eine Art Zeigerpflanze. An ihm gehe ich nie vorbei. Und Artenvielfalt ist ja das Gebot der Stunde.

WASSERFEDER

Hottonia palustris
Familie der Primelgewächse
(Primulaceae)

Schon wegen ihres Namens kann ich die kolossale Wasserfeder *(Hottonia palustris)* nicht zurücklassen. Dabei bin ich gar nicht so der Wasserfan, selbst als Kind war ich nie Aquarianer, im Gegensatz zu meinem Bruder. Der landete aber nicht bei den Pflanzen, aus dem wurde ein formidabler Zahntechniker. Die Wasserfeder, das nehme ich mal an, kennt er gar nicht, jenes bis 60 Zentimeter hohe Primelgewächs *(Primulaceae)* mit den, wenn es optimal für sie läuft, untergetauchten Blättern. Sie sind dann stark zerteilt, bis acht Zentimeter lang, fast haarfein und in Etagen drapiert. Das erhöht die Aufnahmekapazität für Kohlenstoff und setzt den Wasserwiderstand herab. Die fünfteiligen,

Zur Blütezeit, von Mai bis Juli, begeistert die Wasserfeder mit einem zartrosa Blütenteppich.

blassrosa bis weißen, rosa geäderten, um zwei Zentimeter breiten Sternblüten erheben sich von Mai bis Anfang August zu dritt bis zu sechst in mehreren Quirlen übereinander aus dem klaren, mäßig nährstoffversorgten Wasser. Vor allem in breiteren Gräben, da hat diese unverwechselbare Art dann Platz. Ein Gedicht, sage ich Ihnen, eine der schönsten Kompositionen überhaupt, seit es Blumen gibt. Daher vollkommen geschützt, weil vom Menschen schon immer verfolgt. So auch von mir. In großen Mengen finde ich sie in nassen, vorher lange am Boden überstauten Nasswäldern. Das sieht vor allem im Osten Deutschlands in trockenen Sommern so toll aus: diese lindgrünen Teppiche in Mulden der Erlensumpfwälder, umgeben von Rohr-Glanzgras, Schilf und den bultigen, eben wie Barhocker aussehenden Großseggen – bis später alles wieder überschwemmt wird. Ein paar dieser Exemplare rette ich aber vorher für die Arche! Es gibt weltweit nur noch eine weitere Wasserfeder-Art in der Familie der Primelgewächse mit in Deutschland elf Gattungen und 37 Arten.

eine dicke Lippe. Der Blüteneingang ist dadurch verengt, nur kräftige Wildbienen und Hummeln schaffen so den Einstieg. Es ist eine munter Ausläufer treibende Art mit dekorativ-grasartigen, bis sechs Zentimeter langen Blättern, die flaschenbürstenartig zusammengefügt werden. Sie erinnern mich an kleine Weihnachtsbäume mit einem Kerzenknubbel oberdrauf.

Das Gewöhnliche Leinkraut ist tatsächlich gewöhnlich, augenscheinlich nimmt es sogar zu und verzeiht sogar mehrere Mahden pro Jahr. Ein Licht-, Trocken-, Wärme- und

Das Gewöhnliche Leinkraut wurde einst als chemiefreies Mittel benutzt, um Haare zu blondieren.

GEWÖHNLICHES LEINKRAUT

Linaria vulgaris
Familie der Rachenblütler
(Scrophulariaceae)

Ich kann mir nicht vorstellen, dass jemand das Gewöhnliche Leinkraut *(Linaria vulgaris)* übersieht, ähnlich wie die Wasserfeder ist es eine der schönsten Wildblumen in Deutschland überhaupt. Allererste Sahne sind die blass- bis goldgelben Blütenfackeln mit bis zu 25 gleichzeitig geöffneten Blüten von Ende Mai bis in den November hinein – wie ein Löwenmäulchen, nur komplettiert mit einer orangefarbenen Unterlippe, sozusagen dem Gaumen. Es riskiert in seinen Gefilden stets

Mäßig-Nährstoffzeiger. Und das nicht nur an Gräben, sondern ebenso an Rasen-, Wald-, Wiesen-, Straßen- und Wegrändern, auf Böschungen und Dämmen, in gestörten Heiden, Industriegebieten und an Sandgruben, auf Bahn- und Hafengelände, neuerdings auch auf Wiesen.

Kurzum: Es ist eine gesicherte Pflanze mit hohem Bekanntheitsgrad, früher häufig Frauenflachs genannt, wegen der Blüten mit langem Zopf hinten (einem ein bis drei Zentimeter langen Sporn).

DER FLUSS

GEWÖHNLICHER WASSERDOST UND WIESEN-ALANT

Raus in die Natur

Was für die Gräben gilt, trifft noch mehr auf unsere Flüsse zu: Sie verbinden und leiten uns das so dringend benötigte Wasser zu und wieder ab. Sie befeuchten bis vernässen ihre Umgebung – die Luft –, sie ver- und entsorgen, sie sind Wanderwege nicht nur für Menschen. Damit die Flora dort anständig floriert, hat der Schöpfer an den Flussufern geeignete Kreationen entworfen, die sich teilweise sogar in den anthropogenen Steinpackungen halten. Von diesen Flusspflanzen im Stein ist jetzt die Rede. Sicher, es gibt eine Reihe von Pflanzen im fließenden Wasser, aber da kommt nicht jeder ran, da es sich als zu beschwerlich herausstellt.

Flussufer sind hart beanspruchte Rand- und Saumbiotope; pflanzliche Weicheier findet man hier selten. Um gegen Hoch- und Niedrigwasser (teilweise entblößt durch die stets wiederkehrende Kraft des Wassers), gegen Hitze und Kälte gefeit zu sein, bedarf es besonderer Eigenschaften. Die Pflanzen gedeihen auf meist nährstoffreichen, basen- und kalkhaltigen Böden ganz unterschiedlichster Art. Oft ist der Boden auch sauerstoffarm und von angrenzenden Bäumen extrem durchwurzelt. Angler, Bootsfahrer, Camper, Liebespaare an lauschigen Plätzen oder illegale Tierfütterer tun ihr Übriges dazu. Von den ewig eifrigen Uferverbauern, »Ingenieurbiologen« schimpfen sie sich noch verniedlichend, mal ganz zu schweigen. Flüsse waren von jeher Anziehungspunkte, attraktiv, um auf ihnen Handel zu treiben, sich an ihnen anzusiedeln. An ihnen wurden Mühlen errichtet, wurde geflößt, gewaschen, entsorgt, Häfen angelegt. Flüsse gehören in Deutschland zu den artenreichsten Biotopen. Wo ein Fluss ist, ist ein Weg. Und zwängt sich mal einer durch einen Felsen, liegen Deiche an seinen Rändern, kommt es zu natürlichen Auskolkungen, also kleineren Stillgewässern, öfter im lehmig-tonigen Gestade. Und überquert eine Bahnlinie oder eine Straße den Fluss, ist automatisch eine Artenerhöhungen zu registrieren. Ich gucke da immer, meist mehrfach im Jahr, denn hier

Der Wasserdost ist eine der besten Heilpflanzen zur Stärkung des Immunsystems.

GEWÖHNLICHER WASSERDOST

Eupatorium cannabinum
Familie der Korbblütler
(*Asteraceae*)

Vielseitig aufgestellt wie ein gesunder Konzern ist der drängelige Gewöhnliche Wasserdost (*Eupatorium cannabinum*) – eine Art, der ich absolute Bewunderung zuteil kommen lasse. Ein Ritter ohne Furcht und Tadel. Trotz der zunehmenden Trockenheit der letzten Jahrzehnte geht er das Tempo voll mit und erobert sich zunehmend neue Gebiete. So findet man ihn zunehmend an Straßen und Wegen, an Bordsteinen, Waldsäumen und auf Brachgelände – und das gar nicht mal mehr so feucht oder gar nass. Dabei verleugnet er nie seine ursprünglichen Stellen: Bach-, Fluss-, See- und Teichufer, Kanäle, feuchte Hochstaudenfluren und nasse Brachen in Waldnähe.

Bis zwei Meter wächst der Gewöhnliche Wasserdost in die Höhe, mit erst oben verzweigten Stängeln mit drei- bis sieben-teilig gelappten Blätter. Daher lat. *cannabinum*, von Cannabis, der ähnlichen Blätter wegen. Aus diesem Grund wird er auch oft Wasserhanf genannt. Und »Dost« meint nichts anderes als »Busch«. Er ist ein Magnet der besonders ergiebigen Art und ein Langblüher noch dazu. Auf dem Gewöhnlichen Wasserdost tummeln sich sogar Kaisermantel, Landkärtchen, Perlmutterfalter und Trauermantel. Übrigens hat diese Art ganz viele Geschwister, etwa 1 200 weltweit, unglaublich, vor allem in den Tropen – und wir haben doch nur diese eine einzige Art hier. Übrigens. Wer naturnah seinen Garten anlegen möchte, der kann diese Bienenweide käuflich erwerben. Schon früh hat man sie als eine der besten Heilpflanzen zur Immunstärkung eingesetzt. Dieser hübsche und heilsame

passiert ständig etwas. Ein Angler, ein ungeplanter Kinderspielplatz, eine Bootsanlegestelle, eine Fischtreppe – all das bedeutet, dass hier auf einmal etwas wachsen könnte, was ich noch nicht gesehen habe. Und was mir noch fehlt, füge ich doch gerne auf meine, Pflanzenerfassungs- beziehungsweise Kartierlisten ein ...

Ich weiß, an Flüssen wuchert es gern, Neophyten nehmen unsere Flüsse mit Vorliebe in Beschlag. Aber ob hier nun Weidengebüsche, die düsteren Schwarz-Erlen, Herden von Brennnesseln, Rohr-Glanzgras oder Wasser-Schwaden ihre Macht demonstrieren, Gestrüpp von Hopfen und Zaun-Winde dominieren oder die neuen starken Kerle wie Drüsiges Springkraut und Japanischer Staudenknöterich, Riesen-Goldrute, Geschlitztblättriger Sonnenhut, Riesen-Bärenklau und Topinambur ihre Zepter schwingen – mir ist das unterm Strich eigentlich egal. Da nimmt sich nämlich niemand etwas, am Fluss sind sie alle gleich. Sie machen halt dicht, und das ist mir recht. Da wächst wenigstens etwas, oft sogar ziemlich voluminös, und das ist ökologisch erst einmal (mit) das Wichtigste.

Der Gewöhnliche Wasserdost blüht von Anfang Juli bis September, öfter auch im Oktober.

Großblüher, auch Kunigundenkraut genannt, muss deshalb unbedingt einen Kabinenplatz auf der Arche erhalten.

WIESEN-ALANT

Inula britannica
Familie der Korbblütler
(Asteraceae)

Der im Hochsommer goldgelb blühende, an winzige Sonnenblumen erinnernde Wiesen-Alant *(Inula britannica)* zeigt seine freundlichen Gesichter am liebsten in Steinpackungen und Fugen großer Flüsse. Das bezeichnen wir als Stromtalpflanzen, wovon es noch viele mehr gibt: beispielsweise Hirschsprung, Kleines Flohkraut, Langblättriger Ehrenpreis, Löwenschwanz oder die Sumpf-Wolfsmilch. Zwar kommt der Wiesen-Alant, dieses 30 bis 60 Zentimeter hohe Asterngewächs, auf einigen Ostfriesischen Inseln und in Mecklenburg-Vorpommern längs der Ostseeküste flächig vor, doch seine Schwerpunkte liegen woanders: Ems, Weser, Elbe, Havel, Spree, Oder, Saale, Unstrut, Main, Mosel und Rhein.

Dieser dekorative Korbblütler liebt das Geschützte, die Luftfeuchte, liebt Sommerwärme, milde Lagen abseits der Gebirge. Der Wiesen-Alant ist eine Rasenpflanze. Er ist einer mit viel Sitzfleisch, ein kleiner Blender und Tausendsassa. Ein Unikum mit fast überdimensionierten, nämlich bis fünf Zentimeter breiten Blüten. Die Blätter sind lanzettlich und wie die Stängel stark behaart. Ein ausdauernder Lehm- und Tonzeiger, leicht salz- und selbstverliebt, trittverträglich, aber empfindlich gegen überwachsende Pflanzen direkt in seiner Umgebung. Dann kümmert er ganz schnell weg, ebenso wenn Flussufer ausgezäunt und nicht mehr beweidet werden. Bienen und Hummeln fliegen auf ihn – ich fliege auch immer auf dieses Schätzchen: im Ufergestein, wenn es tolle Kontraste zum oft schwarz-braunen, kiesig-sandig-tonigen, manchmal muffigen Untergrund zelebriert. Früher wurde der Wiesen-Alant zum Färben von Wolle und Stoffen benutzt. Im wilden Garten sollte man ihm einen eher feuchten Platz geben und zusammen mit Wiesen-Storchschnabel und Schlangen-Wiesenknöterich kombinieren.

Die Blüten des Wiesen-Alants erinnern an winzige Sonnenblumen. Früher wurde die Pflanze zum Färben von Wolle genutzt.

Eine ganze Kolonie des Gewöhnlichen Wasserdosts, hier an der Wupper im Bergischen Land.

DER WEIHER

SCHWANENBLUME UND EUROPÄISCHER FROSCHBISS

Raus in die Natur

In breiten Flussauen liegen die heute fast vergessenen Ursprünge der weiten Flussmäander, die der Mensch seit Jahrhunderten im Zuge der totalen Landschaftskontrolle gnadenlos durchstach, separierte, drangsalierte, bis hin zur kompletten Verfüllung. Übrig geblieben sind kleinere bis größere Stillgewässer, natürliche Teiche, Weiher und Altwässer. Diese Relikte sind wichtig im natürlichen Gefüge unserer Niederungen, denn sie bilden oft letzte und noch artenreiche Habitate unserer Kulturlandschaft. Sie sind oft das Salz in der Botaniker-Suppe, auch weil stets lieblich anzusehen.
Natürlich wurden in den letzten Jahrzehnten viele Stillgewässer neu angelegt, von Kompensation der häufig weit zurückliegenden Verluste kann aber keine Rede sein. Zumal diese Neubegründungen im aktuellen Jahrtausend extrem nachgelassen haben. »Lasst uns wieder Teiche und kleine Seen schaffen«, möchte ich den Machern auf ihren schweren Maschinen zurufen. Selbstverständlich mit

Bedacht und nicht in eh schon schutzwürdigen Sümpfen und feuchten Wiesen, in alten Wäldern. Und Sie selbst können ja, wenn Sie einen Garten haben, vielleicht mal überlegen, ob nicht so ein Teich Sinn machen würde. Bei Stillgewässern sind die Ufer meist flach bis nur mäßig steil, das Wasser ist hier flach, somit leicht erwärmbar und nährstoffreich. Aber auch nicht immer trüb, oft basenangereichert und dazu noch schön mit alten Gehölzen bewachsen. Das sind bedeutsame Trittsteine von woher und nach wohin. Vor allem, wenn Menschen gelegentlich ihre Ufer aufsuchen. Nervige grünblaue Suppen an den Ufern nach der Badesaison schrecken mich zwar ab, aber schlimmer wäre es, wenn wir nur noch Stubenhocker hätten. Wenn man den Sonnenliebhabern und Badelustigen noch beibringen könnte, nicht so viel Sonnencreme aufzutragen, wäre der Wasserqualität über Herbst und Winter gedient. Kurzum, wo Leben und Trubel am und im Wasser ist, da ist selbstverständlich Pflanzenleben. Solche Störstellen sind das Gebot der

Stunde. Wo das störrische Schilf mir über den Kopf wächst, ist absolute Artenarmut gegeben. Hier kann man sich nur abwenden. Da nutzt mir auch ein Graureiher, ein Höckerschwan oder eine Schnepfe nichts. Früher senste man mal was vom Schilf ab, doch heute dürfen die Reetdachdecker nicht mal mehr im Winter nach Herzenslust unsere Röhrichte schneiden. Volles Rohr – diese Zeiten sind vorbei. Doch so ein Schnitt gäbe Verjüngung, Naturverjüngung, das ist wie unser turnusmäßiger Besuch beim Friseur. Stattdessen kommt das Material vom Balkan, Baltikum oder aus Weißrussland. Weiß der Kuckuck, wozu das gut sein soll …

SCHWANENBLUME

Butomus umbellatus
Familie der Schwanenblumengewächse *(Butomaceae)*

An solchen Stillgewässern findet sich jedenfalls die prächtige Schwanenblume *(Butomus umbellatus)*. Und das mitunter nicht zu knapp. Diese edle Gestalt am Weiher hat einen kerzengeraden Wuchs von 50 bis 150 Zentimeter Höhe. Sie blüht von Juni bis August rosenrot – mit weißer und dunkler Aderung. Es gibt drei größere und drei kleinere Blütenblätter, die sich zu einem sternförmigen Ensemble vereinigen – und das bis zu dreißigmal zu einer formidablen Dolde. Dazu gesellen sich neun reinweiße Staubgefäße, das ist schon ein atemberaubender Anblick. Dieser Augenschmeichler bekommt gleich meine Kabine nebenan. Die sechs im Kreis angeordneten Früchte sehen

aus wie kleine Minischwäne, da hat aber jemand vor Jahrhunderten ganz genau hingeschaut. Alle Achtung! Die grasartigen, dreikantigen Blätter sind bis 50 Zentimeter lang und meist steif aufrecht. In der Frühphase wachsen sie aber zuerst wellig, sogar ganz unter der Wasseroberfläche.

Die Schwanenblume bevorzugt stehende Gewässer, aber auch langsam fließende Flüsse, breitere Gräben und Seen werden nicht verschmäht. Dabei kann diese Pflanze, was man kaum bei ihr vermutet, monatelanges Trockenfallen überstehen. Nur nicht zwei oder gar drei Jahre hintereinander – aber wer könnte das als ausgewiesene Wasserpflanze denn schon? Die Schwanenblume ist erheblich häufiger als der Wiesen-Alant, trotzdem ist diese Art geschützt, weil attraktiver, auffallender, aufragender. Blühen Hunderte oder gar Tausende von ihr auf begrenztem Raum auf einen Schlag, so ist das in der Tat

Die attraktive Schwanenblume blüht von Juni bis August. Früher wurden ihre Stiele für das Flechten von Körben genutzt.

unschlagbar. So etwas müssen alle einmal gesehen haben. Sie erntet dafür auch immer Beifall und Bewunderung. Weltweit ist sie die einzige Vertreterin der Familie der Schwanenblumengewächse *(Butomaceae)*, so etwas haben wir in Deutschland tatsächlich nur bei einer Handvoll Arten.

EUROPÄISCHER FROSCHBISS

Hydrocharis morsus-ranae
Familie der Froschbissgewächse
(Hydocharitaceae)

Der Europäische Froschbiss *(Hydrocharis morsus-ranae)* ist einer von neun, teils in Deutschland erst eingewanderten Vertretern der Froschbissgewächse *(Hydocharitaceae)*. Sein lateinischer Name bedeutet wörtlich übersetzt »vom Frosch gebissene Wasseranmut«, schon das allein ist doch ein Freifahrt-

schein zu Rettung! So süß ist diese Schwimmblattpflanze, mit an Jetons erinnernden kreisrunden Blättern. Stets treten die Pflanzen zu mehreren in kleinen Pulks auf, in geschützten Buchten von Seen, Weihern und besonders in den oft ellenlangen Marschengräben der nördlichen Bundesgebietshälfte. Dreiteilige, bis 2,5 Zentimeter breite, schneeweiße Blüten erscheinen von Juni bis August und werden von Insekten bestäubt. Das Wasser klar, der Himmel blau, die Marschwiesen gemäht: Es ist der perfekte Tag, um mal alle diese Gräben, Seen, Weiher in so einer Flussniederung abzulaufen und komplett auszukartieren.
Die Pflanze ist ein Klarwasserzeiger, liebt die Wärme und die Geselligkeit mit Froschlöffel, Igelkolben, Krebsschere, Pfeilkraut, Wasserfeder, Zungen-Hahnenfuß und mit einigen Wasserlinsen-Arten.
Hätte ich selber einen Gartenteich, besäße ich genau diese Gewächse. Benötige ich aber nicht, denn mein Garten ist ja ganz Deutschland, da, wo ich gerade bin.

Der Europäische Froschbiss ist auch als Pflanze für den Gartenteich geeignet.

DER SEE

WEISSE SEEROSE UND SCHILF

Raus in die Natur

Still ruht der See, das ist atmosphärisch schon etwas Besonderes. Große Weiher werden als Seen bezeichnet – doch wo genau die Grenzen sind, wo also ein Weiher plötzlich kein Weiher mehr ist, sondern ein See, das vermag ich nicht wirklich zu sagen. Auf jeden Fall sind Seen tiefer als Weiher, weniger schlammig, eher sandig-kiesig-steinig, deutlich häufiger dem Wind ausgesetzt. Auch die unmittelbare Umgebung ist anders: Breite Röhrichte oder Riede, undurchdringliche Weidengebüsche, unbetretbare Erlenbruchwälder, Flach- und Hochmoore können hier die Übergänge bilden.

Seen werden natürlich oft von uns Menschen genutzt: zum Angeln, man kann auf ihnen Motorboot fahren oder Wasserski laufen, Paddeln oder Rudern. Aber ein zu steter oder lokal ganz starker Wellenschlag, gepaart mit zu vielen Nährstoffen, kann dieser ganzen Herrlichkeit, den ausgedehnten Schilfgürteln an und in Seen den Garaus bereiten. Das ist gerade im Norden und Osten Deutschlands

ein viel diskutiertes und großes Problem. Seen sind oft schwer einsehbar. Wie oft wünschte ich mir deshalb schon ein Boot herbei, so einfach aus der Luft angeschwebt. Oder gleich im Tiefflug: Drohnengleich würde ich am liebsten den Ufersaum abfliegen in der Hoffnung, noch ein letztes pflanzliches Juwel zu erhaschen.

Seen sind Luftbefeuchter, halten lange die Sommerwärme und sind wertvoll für Amphibien und Vögel, darunter Enten, Gänse, Haubentaucher, Kormorane, Möwen- und Reiherarten, Fisch- und Seeadler. Gräben, Teiche und Weiher sind ihnen allen aber meist viel zu klein.

Spektakulär wird es, wenn selbst größere Seen komplett austrocknen – so geschehen in den Jahrhundertsommern 2018 und 2019. Dann laufen auf schlammigen, höchst nährstoffreichen, nun besonnten Sedimenten allerlei Samen auf. Endlich, denn mitunter jahrzehntelang haben sie darauf gelauert. Nadel-Sumpfbinse, Binsen-, und Gänsefuß-, Knöterich sowie Zweizahn-Arten bekommen nun ihre Chance. Auch geben sie den von uns frenetisch gefeierten Raritäten wie dem Braunen Zypergras, der Eiköpfigen Sumpfbinse, dem Gelbweißen Ruhrkraut, dem Strandling, dem Wildem Reis und der Zypergras-Segge wieder ein Gesicht – und das eben oft nach vielen Jahren Geduld.

WEISSE SEEROSE

Nymphaea alba
Familie der Seerosengewächse
(Nymphaeaceae)

Ein viel Platz bietender See kommt der Weißen Seerose *(Nymphaea alba)*, die bis zu drei Meter lang wird, gerade recht. Sie ist eine Königin unter den Gewächsen, ein Wasser-Wonneproppen sozusagen, immer flott und spritzig.

Aber wie soll sie auf einer Arche überleben? Das wird bestimmt noch schwierig werden, wahrscheinlich wäre es sinnvoll, sie hinten am Schiff anzubinden. Aber so detailliert will ich bei der Pflanzenrettung gar nicht einsteigen, denn es tauchen dann unweigerlich noch andere Fragen auf: Schwimmt die Arche auf Salzwasser, auf Süßwasser? Wie viele Menschen sollte ich eigentlich mitnehmen? Und wen? Und vielleicht nicht doch noch ein paar Tiere …

Ich halte mich da lieber an Noah, der zum Glück auch nicht so in die Einzelheiten ging. Für ihn war vor allem wichtig, dass die Arche wasserfest war – und diesem Ansatz kann ich nur zustimmen. Zumal er mit seiner Arche weltberühmt wurde.

Die Weiße Seerose ist eine Schwimmblattpflanze, jeder kennt die bis 50 Zentimeter langen, ei- bis herzförmigen, grünen, Brotscheiben ähnlnden Blätter, die auf dem Wasser liegen. Die Krönung sind dann von Juni bis August die bis 12 Zentimeter breiten Blüten in reinstem Weiß. Erhaben, keck, fast ein wenig überheblich könnte man diese Erscheinung beschreiben – natürlich nur aus menschlicher Sicht.

Was man aber beim Anblick der Weißen Seerose schnell vergisst: Sie ist eine echte Problempflanze. Nicht dass sie erheblich zunähme (das Gegenteil ist der Fall). Und es ist ebenfalls nicht so, dass Segelfreunde bei ihr das Gesicht verziehen, weil man sie umschiffen muss.

Nein, das Problem hat damit zu tun, dass ihre roten, rosafarbenen und übermäßig gefüllten Doppelgänger von gutmeinenden bis übermütigen Menschen schon seit Jahrhunderten in der freien Landschaft ausgebracht werden. Das natürliche Areal ist nunmehr hoffnungslos verwischt, die eigentlichen Standorte in Hoch- und Flachmooren sowie in großen Flussniederungen sind durch diese Kunstobjekte ganz und gar unkenntlich geworden.

Vor allem im Bergland stimmen die Verbreitungskarten vorne und hinten nicht: Das geschützte und erstaunlicherweise giftige Seerosengewächs *(Nymphaeaceae)* ist von Natur nämlich deutlich seltener, als es diese Karten aussagen. Es ist sehr empfindlich gegen Nährstoffeintrag und liebt daher saubere Gewässer – im Gegensatz zur viel häufigeren Gelben Teichrose. Beide sind oft vergesellschaftet, aber nur eine Art davon sitzt jetzt fest bei mir im Boot.

SCHILF

Phragmites australis
Familie der Süßgräser
(Poaceae)

Mitnahmepflicht besteht – zumindest für mich – beim Schilf *(Phragmites australis)*. Dieser bis vier Meter hohe Süßgras-Gigant

Geradezu majestätisch wirkt die Blüte der Weißen Seerose, die von Juni bis August zu bewundern ist.

mit seinen 60 Zentimeter langen und drei Zentimeter breiten blaugrünen Blättern darf unter keinen Umständen auf meinem Rettungsschiff fehlen.

Zu finden ist das imposante Süßgras an Ufern, in Sümpfen, in nassen Wäldern, in und an Gräben und Kanälen. Es ist unser größtes Süßgras, und seine Ausläufer schaffen schon ordentliche zehn Meter. Da kann man sich im Schilf sogar verirren, verlaufen und kann denken: Ich steh wohl im Wald!

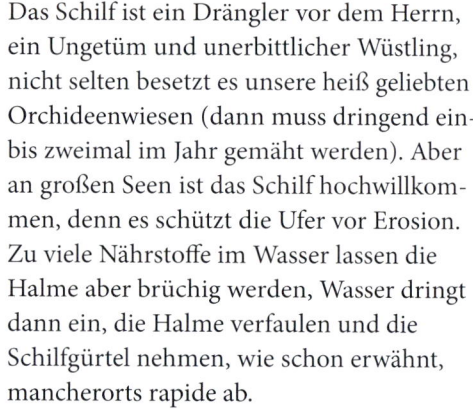

Das Schilf ist ein Drängler vor dem Herrn, ein Ungetüm und unerbittlicher Wüstling, nicht selten besetzt es unsere heiß geliebten Orchideenwiesen (dann muss dringend ein- bis zweimal im Jahr gemäht werden). Aber an großen Seen ist das Schilf hochwillkommen, denn es schützt die Ufer vor Erosion. Zu viele Nährstoffe im Wasser lassen die Halme aber brüchig werden, Wasser dringt dann ein, die Halme verfaulen und die Schilfgürtel nehmen, wie schon erwähnt, mancherorts rapide ab.

Im Schilf selbst wächst oft nichts. An den Unterläufen der Ströme, im Einfluss der Tide (Ebbe und Flut) gesellt sich im Schlick die Sumpfdotterblume hinzu, im Hamburger Elbbereich kommt noch eine weitere Art hinzu, da haftet sich der Schierlings-Wasserfenchel an seine Fersen.

Aber zurück zum Schilf: Es blüht erst ab August und hat fein behaarte, violett-bräunliche Blütenstände, die Rispen sind oft einseitswendig in den Wind gestellt. Schilf kann man bereits vom Hubschrauber aus bestimmen, wenn man es nicht gerade mit anderen kräftigen Gräsern verwechselt. Wir benötigen es für Abdeckungen, Matten, als Flechtwerk, zum Dachdecken, um Feuer zu machen und als Stallstreu.

Schilf ist somit ein sehr wertvoller Naturstoff. In Deutschland wird es immer öfter von weit her importiert. Dabei haben wir Schilf genug. Nur die Naturschutzbehörden, ich erwähnte es schon, sperren sich gegen eine Freigabe. Aber nur frische, diesjährige Schilfhalme sind brauchbar, altes Schilf ist brüchig und schimmelanfällig.

Übrigens: In der Antike wurden aus Schilfstängeln Schreibrohre geschnitten, die Jahrhunderte das wichtigste Schreibgerät blieben.

Schilf ist ein wertvoller Naturstoff, der auch heute noch häufig verwendet wird, wie etwa als Flechtwerk oder Abdeckung für Dächer.

DER SAND-TROCKENRASEN

SILBERGRAS UND SAND-STROHBLUME

Raus in die Natur

Nun folgt ein krasser Spurwechsel, ein klei-ner Quantensprung, eine Art von Zäsur – zu-gegeben. Obwohl: Gerade in der Nähe von großen Seen und Strömen, an alten Talrän-dern, aufgetürmt vom ungehinderten Wind der letzten Jahrtausende, sind auch öfter Sandtrockenrasen benachbart. Von Natur aus bilden sie sich an windumtosten Stellen aus, auf geschützten Küstensanden oder Wander-dünen des Binnenlands.

Diese Sandgrasrasen sind bundesweit ein an Artenarmut nicht zu unterbietender Sonder-biotop, oft nur von geringer Größe. Höhere Blütenpflanzen kann man dort oft vergeblich suchen, dafür geben diese fast ein wenig lebensfeindlichen Areale einiges an Flechten, Moosen und Pilzen her.

So sehr ich auf die Blüher stehe, so bemühe ich mich inzwischen aber mehr darum, für den Rest meines Lebens noch so einiges über diese kleinen Organismen zu erfahren. Es geht mir dabei nicht darum, die essbaren Pilze ausfindig zu machen oder die Moose,

die sich gut zum Polstern eignen. Ich tue das aus rein wissenschaftlichen Erwägungen heraus, weil auch ihnen eine spezielle Attrak-tivität eigen ist.

Lebensfeindlich sind Sandtrockenrasen deshalb, weil niemand sich gern einsanden lässt. Das ist wie mit den Weißdünen unserer Küsten. Die Standorte sind hier ebenfalls stark durchlässig, daher schnell erwärmbar, trocken, wenig humos, aber im Gegensatz zur Küste ausgesprochen kalkarm. Hier gibt es ja keine Muscheln, und Salz sowieso nicht. Kennzeichnend sind im Sandtrockenrasen sich auftürmende Zapfen angrenzender Wald-Kiefern. Oder ausgedehnte Teppiche der bienenfleißigen Sand-Segge, die ob ihres gestreng-linearen Auftretens Soldaten-Segge oder noch besser: »Nähmaschine Gottes« genannt wird.

Weiterhin kommen mir in diesem Rauf-und-Runter-Gelände die niedliche Bauernsenf, das blaue Berg-Sandglöckchen oder der extrem sparsame Frühlings-Spörgel in den Sinn. Hier braucht alles etwas länger, ständiger Mangel ist in jeder Hinsicht Trumpf. Im Binnenland hat man früher sogar versucht, mit Strandhafer-Anpflanzungen den dermaßen beweglichen Pudersand zu stoppen – allerdings mit nur mäßigem Erfolg. Die Natur lässt sich halt nicht foppen, schon gar nicht auf Kommando.

SILBERGRAS

Corynephorus canescens
Familie der Süßgräser
(*Poaceae*)

Für das Silbergras (*Corynephorus canescens*) ist der Wind existenziell, es wächst mit dem Sand mit und aus ihm immer wieder hinaus. Ein echter Störzeiger, ein bis 35 Zentimeter hoher Besetzer offenen Bodens in sonnigen, extrem nährstoffarmen und gleichzeitig trockenen Biotopen. Das hält sonst kaum jemand am Kopf aus. Kommt noch der Tritt der Schafe hinzu, geht es aber auch dem Silbergras ans Eingemachte.
Die Feuchtigkeit holt sich das Silbergras mit bis zu 25 Zentimeter tief reichendem Wurzelwerk aus dem Untergrund. Ein wichtiger Erstbesiedler, eine Pionierpflanze, notwendig auf Sand, denn sie tackert ihn. Früher bedrohte der Sand ganze Ortschaften, denn nur mit Mühe waren Wanderdünen zu bändigen. Auf den Ostfriesischen Inseln war das so, wo sich die Dörfer daher heute oft in der Mitte, einst aber an durch den ewigen Westwind gefährdeten und ständig angenagten Insel-Westenden befanden.
Dieses Silbergras trotzt dem Wind durch nadelförmige und steife, zudem eingerollte Blätter; der bläuliche Glanz ist ein Sonnenschutz. Richtig silbern wird es von Juni bis Anfang August, wenn sich die Rispen hellem Sonnenlicht zeigen. Deshalb einer meiner Gräser-Favoriten.

Das Silbergras zeigt von Juni bis Anfang August im hellen Sonnenlicht seine silbrig schimmernden Blütenstände.

Lat. *corynephorus* heißt übrigens »keulentragend«, und das bezieht sich auf die am Ende keulig verdickten Grannen im Blüteninneren. Ein wichtiges Bultgras, das selbst Bahnlinien (allerdings nur, wenn sie kaum genutzt werden) besiedelt, an Heidewegen und in Sandgruben sein Gras steht und flache Flussdünen oder entblößte Deiche mit Sandkern stabilisiert.
Zugegeben: Es ist eine nord- bis ostdeutsche Errungenschaft, aber im Oberrheintal und am mittleren Main habe ich sie schon häufig gesehen. Zieht man so einen großen Silber-

gras-Bult aus dem Boden heraus, was richtig Power erfordert, ist man erstaunt, was da für eine Menge an Sand schwer selbst auf einen Menschen lastet.

SAND-STROHBLUME

Helichrysum arenarium
Familie der Korbblütler
(*Asteraceae*)

Im Osten Deutschlands schmücken sich Trockengrasrasen außerdem mit der exorbitanten Sand-Strohblume (*Helichrysum arenarium*). Sonne, Gold und Sand vereinigen sich hier im lateinischen Namen – es ist fast zu schön, um wahr zu sein. Man möchte die Pflanze auf Händen tragen (oder nach Hause). Sie ist eine Immortelle, eine Unsterbliche für die Ewigkeit, eine Blume für Gießfaule. Aus diesem Grund musste sie schon vor vielen Jahren per Gesetz geschützt werden, obwohl sie im Osten noch recht häufig auftritt. Vor allem zur Blütezeit ab Juli erfreut man sich an diesem famosen Gewächs. Mit alten Zierrasen freundet es sich ebenso an, mit Bahngeländen, älterem Bauerwartungsland, Dämmen und Deichen, mit Kleingartenanlagen und Sandgruben sowie mit älteren Ackerbrachen. Nur nährstoffarm und voll besonnt muss es sein.

Diese insektenanziehende Pflanze lässt mein Herz bei jeder Begegnung höherschlagen – Feder-Strohblume würde als Bezeichnung auch passen. Schnell beleidigt ist diese heliotrope, also extrem sonnenausgerichtete Pflanze bei Beschattung. Die filzigen Blätter und die strohigen Blüten enthalten kaum

Wasser, also kann man ihr ja auch nichts davon abnehmen. Effektivität wird bei Sand-Strohblumen eben großgeschrieben, denn ist es ihr zu heiß und trocken, blüht selbst sie nicht mehr und harrt dann nur noch als graue Maus aus. Und mal zum Vergleich: Während dem großen Deutschland nur diese eine Strohblumen-Art beschieden ist, brilliert das kleine Mallorca mit gleich fünf höchst unterschiedlichen Vertretern dieser unbedingt schutzwürdigen Gattung. Dort ist es aber auch im Sommer um einiges heißer als bei uns.

Die Strand-Strohblume ist eine Sonnenanbeterin. In Deutschland gibt es lediglich nur diese eine Strohblumen-Art.

DIE SANDHEIDE

BESENHEIDE, HEIDE-WACHOLDER UND TEUFELSABBISS

Raus in die Natur

Am Rand bodenlockerer Sandtrockenrasen, an der Grenze zu tiefer oder höher gelegenen Wäldern, im Übergang zu Moorheiden oder zum Hochmoor geht die Vegetation auf sandigen bis lehmigen, aber immer noch stickstoffarmen Böden in sogenannte Atlantische Zwergstrauchheiden über. Dieser Terminus meint die vor allem in Westeuropa, hier im Nordwesten bis Norden am besten ausgeprägten Zwergstrauchheiden, wo die bescheidene Besenheide dominiert. Es muss schön offen und sonnig, weniger trocken als zuvor, ja sogar regelmäßig feucht sein. Sandheiden sind so alljährlich, zur Heideblüte im August bis September, Anziehungspunkt aus nah und fern. Sogar Königinnen werden dann in den Ortschaften gekürt, die man so gar nicht kennen würde.

Heidepflanzen wachsen gar nicht so gerne trocken, wie man landläufig meint. Fehlt der Regen im Sommer, fällt die Heideblüte ziemlich mager aus. Wichtig ist ihnen ein gleichmäßiger Niederschlag, über das gesamte Jahr verteilt. Und strenge Fröste setzen ihnen auch zu, wodurch in höheren Gebirgen und nach Osten natürliche Grenzen gesetzt sind. Sandheiden sind übrigens künstliche Gebilde, letztlich sind sie ein Resultat gnadenloser Überweidung. Das heißt: Gefördert wurden sie durch den Menschen vor allem im Mittelalter, als es den Eichen- und Birkenwäldern durch übermäßigen Holzeinschlag und Verbiss von Millionen von Schafen massiv an den Kragen ging. In der Folge zogen riesige Schafherden durch die norddeutschen Lande, Höhepunkt war zwischen 1500 und 1750. In Norddeutschland war damals eine Kutschfahrt von Hamburg nach Hannover, zumal bei Hitze und Wind, nun so frei und ungeschützt, daher nicht unbedingt ein reines Vergnügen. Doch damit noch nicht genug: Die einheimischen Menschen plagten sich mit einem Schuffeleisen ab, einem flachen Hackenblatt, um die oberste Bodenschicht samt Vegetation abzutragen, man plaggte ab. Diese verfrachtete man dann in die Ställe, als weichen Unterstand für die

Tiere. Während mit diesem unverzichtbaren Gemisch aus Pflanzenresten, Sand und eben dem Tierkot dann kurze Zeit später die Felder gedüngt wurden, konnte sich die junge Heide auf der entblößten Erde wieder ansäen. Nach kurzer Zeit hatte man erneut eine geschlossene Heidedecke. Gingen diese Eingriffe zu weit, etwa durch zu viele Schafe auf engstem Raum, konnten sich auch neue Wanderdünen initiieren. So verödeten (wir sagen dazu: devastierten) die ohnehin ausgelaugten und artenarmen Geest-Landschaften weiter. Heute dagegen fehlen uns diese historischen Nutzungen. Ziemlich schnell kehrt nämlich der Wald zurück, wenn auch oft nicht mehr der ursprüngliche. Denn der Boden ist durch die ungehinderten Niederschläge inzwischen so verarmt, degeneriert, dass aktuell selbst die genügsame Stiel-Eiche verzagt und den Anschluss verpasst. Nur Pionierarten wie Eberesche, Faulbaum, Hänge-Birke, Wald-Kiefer und Zitter-Pappel eilen herbei und schaffen es in kurzer Zeit, einen wirtschaftlich allerdings wenig profitablen Mischwald aufzuziehen. Anspruchsvolle Baumarten wie Ahorn-Arten, Hainbuche oder Rot-Buche hatten es schon vorher nicht aus diesem Heidesand geschafft. Diese Wiederbewaldungen müssen wir allerdings regional aktiv verhindern. Nicht nur der vielen Touristen wegen, die aufgrund der populären Heideblüten kommen, sondern eben auch aus Naturschutzgründen.
Und auf solchen – ewig von Verbuschung bedrohten – Heideflächen können Sie wie auch auf nachfolgenden Moorheiden gerne sogar selbst Hand anlegen. Ich »verdonnere« meine Mitgefährten auf Exkursionen ständig dazu, wir geben der Natur etwas zurück. Ziehen Sie also junge Birken und Kiefern heraus, gerne auch Zitter-Pappeln und die stark invasive Späte Traubenkirsche. Letztere stammt aus Nordamerika und flutet gerade unsere Heiden. Je mehr, desto besser. Das schaffen nämlich die viel zu wenigen Schafe

von heute nicht mehr, viele Behörden schlafen, immer weniger Panzer rollen auf den Übungsplätzen (im Norden mit den schönsten Heiden, nur kaum einer kennt sie). Und die enormen Anstrengungen von örtlichen BUND- und NABU-Gruppen reichen alleine längst nicht aus. Ich selbst ziehe ständig heraus – entkussen heißt das, verbeiße mich manchmal regelrecht, um dann jedes Mal so zehn Jungpflanzen von Gehölzen unter einer Alt-Kiefer verschwinden zu lassen. Das ist legitim, überall, selbst im Naturschutzgebiet, denn es dient der guten Sache: dem Erhalt dieser so empfindlichen Ökosysteme.

Die bündelartigen Zweige der Besenheide wurden früher zu Besen gebunden.

BESENHEIDE
Calluna vulgaris
Familie der Heidekrautgewächse
(Ericaceae)

2018 war für die in Trockenheiden stets bestandsbildende Besenheide *(Calluna vulgaris)* ein schlechtes Jahr. Es war braun und grau in der Heide, ein Trauerspiel, hervorgerufen durch zu große Trockenheit. Ein struppiger Geselle, eine florale Stütze unserer Arche, gewiss eine aus den Top Ten der populären Pflanzen mit seinen kleinen Blättchen, die die Verdunstung extrem reduzieren und auch fürs trierische Fressen wenig hergeben. Er wird 50 Zentimeter hoch und wurzelt bis 50 Zentimeter tief ein. Zum Glück, denn so rettet sich dieser wintergrüne Zwergstrauch auch mal in lichte Wälder, auf Dämme und an Grabenkanten, ins magere Weideland oder in Gebüschsäume. Ja, selbst saure Felsen (etwa im Harz, im Sauerland, in und um die Sächsische Schweiz) werden noch intensiv umgarnt. Adlerfarn, Borstgras, Dreizahn, Heidelbeere und Rundblättrige Glockenblume sind seine liebsten Gefährten. Die bündelartigen Zweige des Zwergstrauchs wurden früher tatsächlich zu Besen gebunden, oft zusammen mit Besenginster, perfekt fürs Ausfegen von Haus und Hof. Der Name »Heidekraut« ist aber heute noch in Ordnung, doch viele Menschen verwechseln es irrtümlich mit der deutlich nasser stehenden Glockenheide, der *Erica*. Beides sind Insektenwunder (Heidehonig), und beide sind unverwüstlich gegen Schafbeweidung. Was sie nicht daran hindert, wahre Sensibelchen bei zunehmender Nährstoffzufuhr, Verbuschung und Vergrasung zu sein.

Der Teufelsabbiss mit seinen violett-blauen Blütenköpfen bietet vielen Insektenarten eine reichhaltige Futterquelle.

TEUFELSABBISS

Succisa pratensis
Familie der Kardengewächse
(*Dipsacaceae*)

Gelegentlich gesellt sich zur Besenheide der für mich unschlagbare Teufelsabbiss (*Succisa pratensis*) hinzu – vor allem in Senken und an Wegen, wenn es im Untergrund etwas lehmiger und somit zeitweise etwas feuchter zugeht. Hat man ihn tatsächlich zum Teufel

geschickt? Fast ist es anzunehmen, denn er ist mit seinen 80 Zentimetern gebietsweise sehr selten geworden. Gäbe es dieses Kardengewächs (*Dipsacaceae*) nicht, würde mir etwas ganz Besonderes fehlen, und man müsste es unbedingt – wo und bei wem auch immer – nachbestellen.

Die Sprosse sind wenig beblättert und unregelmäßig zu allen Seiten ausgestreckt, obendrauf thronen in der Blütezeit im Juni bis in den November hinein violett-blauen Köpfe. Auf ihnen fühlen sich Insekten wie der Kleine und Große Perlmutterfalter oder der Kaisermantel pudelwohl, toben dort herum. Spinnennetze überziehen die Köpfe (die Spinnen wissen, wo es etwas zu holen gibt), bis der Herbsttau auf ihnen niederschlägt. Der Teufelsabbiss ist eine unschlagbare Pflanze, für mich ein Meilenstein der Botanik. Wer sie noch nie erlebt hat, sollte sich auf die Socken machen. Vor allem in großen Mengen zur Blütezeit ist das ein Erlebnis, eine wortwörtlich geballte Erscheinung. Die ganzrandigen, auch grob gesägten Blätter werden bis zehn Zentimeter lang und sind wie die Stängel behaart. Es ist eine Pflanze mit kräftiger, bläulich-grau-grüner Grundblattrosette. Lat. *succisus* ist zu übersetzen mit »unten abgeschnitten«, was sich auf die wie abgebissen aussehende dicke Pfahlwurzel bezieht. Das musste doch mit dem Teufel zugehen! Diese wuchtige Wurzel wurde natürlich probiert, und man entdeckte viele nützliche Eigenschaften. Mit ihr konnte man Stoffe blau färben, Würmer vertreiben, die Wassersucht bekämpfen und sie äußerlich als Wundmittel verabreichen. Die Pharmazie verwendet noch heute Inhaltsstoffe von ihr, um sie in Medikamenten gegen Bronchitis oder in Salben gegen Hautflechten einzusetzen. Die Wurzel schmeckt sehr bitter, da sie reich an Gerbstoffen ist. Die Pflanze ist ein ausgesprochener Magerzeiger, in den Alpen gedeiht sie noch auf über 1 000 Metern Höhe, im Schwarzwald erklimmt sie sogar stolze 1 400 Meter.

HEIDE-WACHOLDER

Juniperus communis
Familie der Zypressengewächse
(Cupressaceae)

Ungekrönter Heide-König ist jedoch der Heide-Wacholder *(Juniperus communis),* der, wenn es richtig gut läuft, im Nordwesten Deutschlands zehn Meter an Höhe gewinnen kann. Wenn von Trockengebüsch die Rede ist, denkt man sofort an den fast ein wenig grob anmutenden Heide-Wacholder. Vor rund hundert Jahren war er weit verbreitet, heute ist er oft an Kläglichkeit kaum zu überbieten. Denn Sonne, Nährstoffarmut, fehlende Konkurrenz durch andere Gehölze und ein paar Schafe, die an ihm ab und zu knabbern, sind wichtig. Immerhin verträgt er sogar kurzen Heidebrand, das fördert diesen

düsteren, harzreichen Grübler und Stoiker. Seinen Mitbewerbern würde das viel zu sehr zusetzen. Glück gehabt.
Wacholderbeeren, für die Herstellung von Gin und Genever unverzichtbar, werden im Wald kaum noch ausgebildet, hier fühlt sich der Busch unwohl. Außer im Osten. Dort wird er, der Inbegriff ehemals ausgedehnter Heiden, zunehmend nemophil. Das meint: Aufgrund stets höherer Sommertemperaturen und fehlender Niederschläge verschlägt es ihn in Vorpommern oder in Polen nur noch in die Kiefernwälder. Hier sinkt er sogar regelrecht auf die Knie, legt sich hin.

Die Beeren des Heide-Wacholders sind für die Zubereitung von Wild unverzichtbar.

Kein Wacholder erreicht in Polen mehr eine Höhe von drei, vier Metern. In den Alpen mutiert der sonst so stolze Heide-Wacholder zu Matten, nicht um auf ihnen zu liegen, aber so rutscht der Schnee von ihm ab. Würde er sich dort steif in die Höhe recken, würde er vom ewigen Wind und vom vielen Schnee – zumal auf nur sehr flachgründigen Standorten – regelrecht aus den Latschen kippen. Das ertragen hoch oben in den Alpen nur Alpenrosen und eben Latschen-Kiefern.

Der Teufelsabriss mit seinen »geballten« Blüten, hier auf der Wasserkuppe der Hessischen Rhön.

DIE MOORHEIDE

MOOR-ÄHRENLILIE UND RASIGE HAARSIMSE

Raus in die Natur

Eine Moorheide ist oft genauso nährstoffarm wie eine Sandheide, nur deutlich feuchter. Häufig liegen wasserstauende Schichten im nahen Untergrund vor – etwa Lehm, Ton oder harte Gesteine. Das Wasser hält sich jedoch kaum ganzjährig, das bringt in Phasen der Trockenheit dann den einen oder anderen Nährstoff kapillar nach oben. Dieser Standort ist ebenfalls extrem sauer – was Tieren und auch den Bauern überhaupt nicht passte. Torfmoose wie im Hochmoor gelangen hier allerdings noch nicht zur Dominanz. An solchen quellnassen Standorten ist das Artenaufkommen daher naturgemäß höher als in den Hochmooren. Häufig hat in der Moorheide die hübsche Glockenheide eine Heimat gefunden, *Erica* eben. Ein weiterer Zwergstrauch mit nadelförmigen Blättchen, die aber typischerweise zu vier etagenartig am Stängel verteilt sind. Moorheiden sind meist kleinflächig ausgebildet, als Puffer zu Hochmooren, am Rand von Birkenbruchwäldern oder in nicht zu großer

Entfernung zu natürlichen Seen. Manchmal sind die Moorheiden auch Menschenwerk, dann entstanden sie durch Übernutzung und nach Torfabbau von Hochmooren.
Man sieht hier: Übertriebene Nutzungen können auch zu etwas Gutem führen, es darf in diesem Fall nur nicht zum erhöhten Nährstoffeintrag und zu ganzjährigen Entwässerungen kommen.

MOOR-ÄHRENLILIE

Narthecium ossifragum
Familie der Liliengewächse
(*Nartheciaceae*)

Unter den Moorheiden gibt es auch Lilienmoore, es sind ebenfalls quellige Moore, das Wasser verharrt in ihnen also nicht zwölf Monate im Jahr. Sie finden sich in leichter Hanglage, am Rand abflussloser Senken, seltener umgeben von Wäldern, oder auf den

Die Blütenstände der Moor-Ährenlilie bilden sich von Juli bis August aus. Im Volksmund heißt diese Pflanze auch »Beinbrech«.

grandiosen Wahner Heide. Diese opulente Moorlilie ist ein Prunkstück, oft kommt sie in Bataillonen daher. Nicht nur blühend ist sie in ihrem Gelb charismatisch, ebenso faszinierend sind ihre Fruchtstände in Feuer-rot bis Orange. Noch im nächsten Februar sieht man sie, allerding nun ausgelaugt und verblasst. Für mich eine Wunderblume, die es auf zehn bis 30 Zentimeter bringt. Bei Exkursionen in Niedersachen ist sie ein absolutes Muss. »Moorheide total« hat man nur mit dieser Pflanze in Kombi mit der zur gleichen Zeit blühenden Glockenheide. Dazu etwas Pfeifengras, ein paar verkrüppelte Kiefern und einzelne in der Sonne glänzende Wasserflächen – mehr braucht es fast nicht zum Leben. Das sagen sich wohl auch diese überaus genügsamen Protagonisten, denn sie kommen mit sehr wenigen Nährstoffen aus. Die Moorlilie ist ein geschütztes, auf optima-len Standorten dominantes, nämlich sehr geselliges Liliengewächs. 2011 wurde sie völlig zu Recht Blume des Jahres.

RASIGE HAARSIMSE
Trichophorum cespitosum
Familie der Sauergrasgewächse
(Cyperaceae)

deutschen Nordseeinseln in den sogenannten Dünentälern. Hier etablieren sie sich ge-schützt vor den Salzen und den Winden auf der Sohle der Tälchen. Und hier finden sich noch Pfade von Menschen oder Tieren mit einer ganz speziellen Flora, mit vielen blüten-reichen Zwergsträuchern.

Und aus diesem Biotop habe ich mich für die Moor-Ährenlilie *(Narthecium ossifragum)* entschieden, die es hierzulande nur im Norden und im Nordwesten gibt. Südlichstes Vorkommen in Deutschland ist allen Ernstes direkt am Flughafen Köln-Bonn: in der

Ganz anders im Charakter ist die Rasige Haarsimse *(Trichophorum cespitosum)*. Sie ist eine einzelne, truppweise auch flächig etab-lierte Art in ausgeprägtem Bubikopf-Gewand solcher Moorheiden. Das bis 40 Zentimeter hohe Igelgewächs mit kissenartigem Habitus und später überhängenden Stricknadelblät-tern ist ein gefährdetes Sauergras. Im Ver-gleich zur Moor-Ährenlilie fällt sie schon dadurch »negativ« auf, dass es davon drei ganz ähnliche und somit schwer unterscheid-bare Unterarten gibt. Dazu muss man sich die Blätter, so dünn wie Spaghetti, einzeln

Im Spätherbst verwandeln sich die schmalen Blätter der Rasigen Haarsimse in ein feuriges Orange.

ansehen – genauer gesagt, die oberen Blattscheiden. Dies ist jedoch selbst für Geübte nicht einfach zu bestimmen, und so möchte ich auch nichts weiter darüber verlautbaren. Aber dennoch gibt es etwas, wo es die Haarsimse mit der mondänen Ährenlilie aufnehmen kann. Nur leider erst im Spätherbst, wenn im Moor fast schon alles schläft, doch da schwingt sich der kompakte Moor-Trotzkopf zu ungeahntem Farbenspiel auf: Alles verwandelt sich in ein sattes Feuer-Orange, wobei das über Wochen geht. Unverhofft kommt selten! Und auch später, im Winter,

habe ich keine Mühe, diese nicht so schnell aufgebende Bultpflanze am strohigen Grau, sofern kein Schnee liegt, zu bestimmen. Auch von Raureif überzogen ist sie ein ganz besonderes Spektakel. Und zu dieser fortgeschrittenen Jahreszeit ist von der einst so famosen Moor-Ährenlilie bereits jeglicher Schmuck abgefallen.

Die an sich sture Rasige Haarsimse wächst bei uns auch in luftigen Höhen, etwa im Harz in den sogenannten Brockenmooren, oder in den Alpen. Da hat die Moor-Ährenlilie ebenfalls längst das Nachsehen.

DAS HOCHMOOR

ROSMARINHEIDE, RUNDBLÄTTRIGER SONNENTAU UND MOOSBEERE

Raus in die Natur

Von den nicht immer nassen Moorheiden zu den stets wassertriefenden Hochmooren ist oft ein fließender Übergang. Sie sind von eminenter Bedeutung, binden sie doch deutlich mehr CO_2 als andere Biotope, jedenfalls nach ihrem prozentualen Flächenanteil. Sie speichern das Niederschlagswasser wie riesige Schwämme, sie sind gigantische Luftbefeuchter und besitzen zudem eine ausgleichende Wirkung auf etwaige Temperaturextreme. Und das sowohl im Tages- als auch im Jahresverlauf. Daher ist ihre weitere Zerstörung unbedingt zu stoppen – wenn nicht jetzt, wann denn dann? Hochmoore gelten als »kalte Biotope«, tatsächlich tauen hier Eis und Schnee langsamer ab als in anderen Biotopen; in den Mooren der Lüneburger Heide schneit es auch deutlich eher und mehr als im unmittelbaren Umland. Sind es in Bremen nachts im Oktober noch sechs Grad Celsius, geht es hier in den Hochmooren bereits auf unter null Grad in den Keller. Hochmoore haben sich durch allmähliches Torfmooswachstum nach oben von der Grundwasserversorgung entkoppelt und werden so nur noch vom Niederschlagswasser gespeist. Dementsprechend nährstoffarm, nass und sauer geht es hier zu. Nicht nur im norddeutschen Tiefland, sondern auch in hohen Lagen der Gebirge wie im Harz, im Schwarzwald, im Bayerischen Wald, im Fichtelgebirge und selbst in den Alpen.

Das Wasser muss möglichst dauerhaft hoch genug stehen, um die natürliche Stoffzersetzung zu hemmen und das Aufkommen verdrängender und Laub anreichernder Gehölze zu verhindern, zumindest aber zu verzögern. Nur dann kann ein Hochmoor wachsen, etwa einen Millimeter pro Jahr. In diesem Biotop haben sich spezielle Pflanzengesellschaften etabliert, viele Arten davon zählen zu den ausgesprochen zähen Heidekrautgewächsen (*Ericaceae*) mit vielen Zwergsträuchern. Davon besitzen wir in Deutschland gleich 22 Arten innerhalb von zehn Gattungen.

Hochmoore galten in der Siedlungsgeschichte schon immer als lebensfeindlich. Von Moorhexen und Moorteufeln war da die Rede, noch heute nennen sich im Norden sogar Fußballclubs nach ihnen. Als es dann sonst nichts mehr zu »kultivieren« gab, ging es auch den ausgedehnten Hochmooren ans Leder. Zuerst noch zaghaft von den Rändern her – es wurde allenfalls am Hochmoorkörper gekratzt –, seit dem 19. Jahrhundert aber im ganz großen Stil.

Da wurde tief gepflügt, da wurden weit ins Innere Bohlendämme getrieben, und diese Kanäle brachten den gesamten Wasserhaushalt ins Wanken. Durch Entwässerung wurde es möglich, den damals wichtigen Brennstoff Torf abzubauen und abzutransportieren. Im Norden zeugen zum Beispiel der Küstenkanal, der Ems-Jade-Kanal, der Elisabethfehnkanal oder der Oste-Hamme-Kanal von dieser Geschichte. Auch wurden die Kanäle als Lebenslinien für neue Moorhufendörfer genutzt. So entwässert, ausgebeutet, in Grünland umgewandelt oder mit ersten Buchweizenäckern bestückt, verbuschten die ehemals von Natur aus wald-, ja sogar baumfreien Hochmoore des Nordens. Heute fristen fast alle noch halbwegs intakten Hochmoore ein Leben als Naturschutzgebiet, leider kaum erlebbar. Oder sie liegen in kläglichen Resten darnieder, oft als bäuerliche Handtorfstiche, kaum erkennbar irgendwo und abgeschieden in unseren Landschaften.

Die hübsche Rosmarinheide ist in allen Pflanzenteilen stark giftig. In Deutschland steht sie auf der Roten Liste der bedrohten Arten.

ROSMARINHEIDE

Andromeda polifolia
Familie der Heidekrautgewächse
(*Ericaceae*)

Eine typische Mitbewohnerin von Hochmooren ist die stilvolle Rosmarinheide (*Andromeda polifolia*).

Der zarte Zwergstrauch blüht edel blassrosa bis weiß ab Ende April bis weit in den August hinein. »Das Maiglöckchen unserer intakten Hochmoore«, sage ich immer. Wie Porzellan oder Wachs liegt es in meinen groben Händen, ich muss da höllisch aufpassen, dass bloß keine Blüte abfällt …

In den Alpen kraxelt die Pflanze bis auf eine Höhe von erstaunlichen 1 430 Metern. Eiförmige, bis vier Zentimeter lange, kahle, ledrig-derbe Blätter sind oberseits dunkelgrün und unterseits silbrig-grün. Sie sind randlich umgerollt, daher von einem nadelartigen Aussehen, was die Verdunstung in den im Sommer durchaus aufgeheizten Hochmooren hemmt. Die Blüten sind kugelig, unter einem Zentimeter lang beziehungsweise breit, vorne mit fünf Zähnchen versehen und zu dritt bis zu acht in kleinen Dolden drapiert. Vielfach sind sie in flächenhafter Ausbildung zu finden, ein schönes Bild. Die kleinen Früchte der Rosmarinheide fallen später kaum auf.

Die bis 30 Zentimeter hohe Pflanze ist stark giftig und in Deutschland eine Art der Roten Liste. Sie verträgt Beschattung durch junge Birken und Kiefern, in sauer-nassen Mischwäldern mit bäuerlichen Torfstichen. Wird es aber zu dicht, stellt sie zuerst ihr Blühen ein, bis sie langfristig komplett verschwindet. Die Rosmarinheide gilt als Eiszeitrelikt. Die Durchwurzelung des Moorkörpers kann intensiv sein, die oberirdisch so zierliche Rosmarinheide trägt also den auch mal zweibeinigen Hochmoor-Gast, was man so nicht von allen Pflanzen sagen kann.

RUNDBLÄTTRIGER SONNENTAU

Drosera rotundifolia
Familie der Sonnentaugewächse
(Droseraceae)

Dazu gehört natürlich auch der Klassiker der Hochmoore, der Rundblätttrige Sonnentau *(Drosera rotundifolia)*. Für mich ist er ein Sinnentau, weil ich bei seinem Anblick immer von Sinnen bin. Ganz sicher mit das Höchste meiner Gefühle. Klar, dass wir dieses bis 15 Zentimeter hohe Edelgewächs nicht einfach links liegen lassen können. Schmuckstück sind weniger die bis 12 weißen Blüten je Stängel (sie blühen von Juli bis Anfang September), vielmehr bezaubern mich die rundlichen, bis 15 Millimeter breiten, deutlich vom haarigen Stiel abgesetz-

ten Blätter mit ihren dekorativen Drüsenhaaren. Und das geht bereits ab Mitte Mai! Einprägsam ist der Rundblättrige Sonnentau vor allem im Hochsommer, wenn die Sonne scheint und vor allem nachmittags die Blätter besonders rot glühen.

Die Drüsenhaare dienen der Lichtreflexion und dem Fang von kleinen Fliegen, Käfern und Mücken. Sie werden dann allmählich verdaut, bis auf die nicht verwendbaren Chitin-Reste. Ein nicht zu unterschätzendes Zubrot auf extrem nährstoffarmem Terrain, denn so ein Sonnentau nagt stets am Hungertuch. Daher ist diese Art gar nicht so

Mit Hilfe seiner Drüsenhaare fängt der Rundblättrige Sonnentau Fliegen und Käfer.

selten. Man muss nur wissen, wo man sie suchen muss: auf den Torfmoosbulten, in manchmal grundlosen Vertiefungen, in vermoorten Sandgruben, ab und zu sogar an vernässt-sauren Forstwegen.

Der so glänzende Rundblätttrige Sonnentau ist ein Licht-, Nässe-, Kalk- und Nährstoffarmutszeiger. Er ist vollständig geschützt und vor allem durch Entwässerung sowie Nährstoffeinträge gefährdet. Nassen Sand nimmt er zur Not, selbst auf Reitwegen.

Wie ein edles Schmuckstück ziert der Rundblättrige Sonnentau die Landschaft.

Dort können ihm allerdings schon geringe Moospolster, Wassernabel, Kleinbinsen- und Zwergseggen-Arten zum Verhängnis werden. Auf regelmäßigen Tritt pfeift er dagegen völlig, nicht sein Ding, ein nervöses Hemd also bei ungebetenem Publikum. Wo es ihm aber gefällt, da sieht man ihn zu Tausenden, ja Zehntausenden – unvergesslich!

MOOSBEERE

Vaccinium oxycoccos
Familie der Heidekrautgewächse
(Ericaceae)

Wahrhaft tragende Bedeutung kommt in unseren Hochmooren der filigranen, aber trotzdem ziemlich ehrgeizigen Moosbeere *(Vaccinium oxycoccos)* zu. Mit ihren fast ein Meter langen Ausläufern über dem und im Torfmoos ist sie im artenarmen Hochmoor Klammer, Stecknadel, Trägerrakete, Unterbodenschutz und Verdrahtung in einem. Ganz im Gegenteil zu einigen ihrer Bandmitglieder: der Blumenbinse, der Schlamm-Segge, dem Schnabelried oder eben auch den Sonnentauen. Die Moosbeere macht dicht, polstert, widersteht und führt zusammen, was zusammengehört.

Da trete ich im Hochmoor gezielt hin, um bloß nicht auf bodenlose Irrwege zu gelangen. Das hat mir häufig genug randvolle Stiefel mit dann schwarzen Socken und dreckigen Hosen eingebracht. In einem Fall, 1992 bei Hamburg, ging es in die Tiefe hinab bis zur Brust: »Springmoor« hieß das Moor auch noch. Das wünscht man niemandem, und schon gar nicht die anschließende

Fahrradfahrt über 20 Kilometer zurück ins Quartier bei nur noch fünf Grad Celsius Ende September. Zähneklappernd. Die Moosbeeren, also deren herb-süße, kugelrunde, zuerst weiß-gelblich und dann dunkelroten Beeren von etwa einem Zentimeter Durchmesser konnten mich dann auch nicht mehr aufheitern.

Dieses Heidekrautgewächs *(Ericaceae)* blüht von Mai bis Juni, eher unscheinbar, vierzählig und wundervoll weiß bis rot, fast wie kleine Glöckchen nickend. Die vitaminreichen saftigen Beeren – in Skandinavien noch heute gesammelt und zu Marmelade und Säften verarbeitet – liegen den Torfmoospolstern dicht auf. Perlen im Moor, jedoch ganz und gar keine Perlen vor die Säue.

Nach der Blütezeit der Moosbeere entwickeln sich ihre Früchte. Es sind essbare Beeren, die einen herb-süßen Geschmack haben.

DER KIEFERNWALD DES TIEFLANDES

WALD-KIEFER UND HEIDELBEERE

Raus in die Natur

Der Lebensraum Wald ist das höchste unserer Gefühle, der Adel aller Biotope, die Vollendung von Natur.

In Deutschland wird er von jeher gehuldigt und geschützt wie kein anderes Biotop. Fast alles wird auch wieder zu Wald, sollte der Mensch mal von diesem Planeten abgestoßen werden. In fast allen Fällen ist er das Endziel ungehinderter Sukzession!

Und das ginge dann sogar vergleichsweise ruckzuck: Die Birke entsteigt der Dachrinne, der Schwarze Holunder keucht aus der Mauerfuge, der Berg-Ahorn und die Gewöhnliche Esche entsteigen den Kellerrostabdeckungen und der unverwüstliche Chinesische Götterbaum oder auch die Robinie tummeln sich bereits jetzt schon in vielen Pflasterfugen. Nadelwälder waren von jeher artenärmer als viele Laubwälder. Hinderlich ist hier vor allem die viel langsamer verrottende, harzreiche Nadelstreu. Sandige, steinige beziehungsweise flachgründige Standorte tun hier ihr Übriges.

WALD-KIEFER

Pinus sylvestris
Familie der Kieferngewächse
(Pinaceae)

Auf den von Naturkalk- und nährstoffarmen Sand- und Anmoorböden des Nordens, aber auch auf den Buntsandsteinen der Mittelgebirge – zu nennen sind hier die Sächsische Schweiz, Teile des Teutoburger oder des Pfälzer Walds – ist die sehr genügsame Wald-Kiefer *(Pinus sylvestris)* allererste Baumpflicht. Ob ganz trocken oder fast dauernass, hier sind Kiefern Trumpf. Am besten tief beastet und von lockerem Stand. Flechten, Moose und Pilze zeigen gerade hier eine erstaunliche Artenvielfalt. Eberesche, Faulbaum, versprengte Hänge-Birken, Stiel-Eichen, Trauben-Eichen oder auch Rot-Buchen verleihen diesem so weitverbreiteten Waldtyp dann doch noch einen gewissen Liebreiz. Und darum geht es ja hier, um

Die tief beastete Wald-Kiefer hat ein besonders prägnantes Erscheinungsbild.

Schutz von Besonderheiten hiesiger Natur, um Bewahrung von typischen Landschaftsbildern, um Sicherung auch hier seltener Pflanzenarten wie etwa Bärlappen, Birngrün und Winterlieb, Wintergrün-Arten, raren Ginster-Arten, hin und wieder einem kleinen Heiderest irgendwo in einer abgelegenen Kiefernwaldsenke. Und Flechten, Moose und Pilze, hier boden- wie auch holzbewohnend besonders artenreich, seien nur mal so am Rande bemerkt.

Heidelbeeren haben in der Regel von Ende Juni bis September Saison. Die schmackhaften Beeren sind reich an Vitamin C und E.

HEIDELBEERE

Vaccinium myrtillus
Familie der Heidekrautgewächse
(*Ericaceae*)

Ist es dann unter den Kiefern nicht zu trocken und nicht zu nass, so ist es das Revier der unverwüstlichen Heidelbeere (*Vaccinium myrtillus*). Die Heidelbeere ist ein besonderer Zwergstrauch meiner Kindheit, wenn es alle Jahre wieder hieß: »Heute geht's in die Blaubeeren!« Zähne und Zungen zeugten dann jedes Mal von reichlicher Ernte. Um Fuchsbandwürmer kümmerten wir uns nie, wohl aber war danach das sorgfältige Absuchen nach Zecken allererste (Familien-)Pflicht: Wir Kinder lagen dann eins nach dem anderen mitten auf dem häuslichen Esstisch (dort befand sich nämlich die hellste Lampe). Die heutige Hysterie um die Fuchsbandwürmer ist groß, doch da werden oft nur Einzelfälle aufgebauscht. Eher habe ich einen Sechser im Lotto (und zwar mit Zusatzzahl), als das ausgerechnet an »meiner« Blaubeere tatsächlich ein Fuchs gerade seinen Bandwurm abgelegt haben könnte. Wenn wir keine Früchte aus der Natur mehr essen, werden wir immer naturferner. Steckt dahinter Absicht? Sollen wir kein Gefühl mehr zur Natur entwickeln? Bei mir heißt es jedenfalls:

»Es wird gegessen, was auf den Tisch kommt!« Und Blaubeereis von diesen blauschwarzen Bollerchen an teils jahrhundertealten Pflanzen – einfach himmlisch. Die Heidelbeere ist eine klonale Pflanze: Riesige Bestände sind ursprünglich wohl aus nur einer einzigen Pflanze hervorgegangen, dementsprechend haben sie identische Gene und sind daher oft sehr alt. Die glockigen, wachsartigen, blassrosa gefärbten Blüten der bis ein Meter tief wurzelnden, spätfrostempfindlichen Heidelbeere erscheinen bereits im April, sie fallen aber nur bei eingehend naher Betrachtung auf. Sie steigt in den Alpen bis zu 2 350 Meter hoch und treibt sich bei genügender Grundfeuchtigkeit auch randlich in Mooren, Moor- und Sandheiden herum. Die Zweige sind stark brüchig, weshalb ich mir manchmal ein ganzes Ästchen mit vielen Blaubeeren mitnehme und dann so im Gehen minutenlang was zum Knabbern habe.

DER LAUBWALD DES TIEFLANDE

BUSCH-WINDRÖSCHEN, MAIGLÖCKCHEN, HAINBUCHE UND ROT-BUCHE

Raus in die Natur

Dieser weit verbreitete Waldtyp kommt mit einer großen Artenauswahl daher, ich weiß schon wieder nicht, welche Pflanzen ich für mein Rettungsschiff auswählen soll. Auf nie zu trockenen und nie zu nährstoffarmen, gerne basenangereicherten, kalkreichen, flach- bis tiefgründigen Böden ist das ein vorherrschender Lebensraum. Das Laub zersetzt sich hier rasch, es steht ein lockerer Mullboden an. Moder und Sauerhumusböden sind dagegen lebensfeindlich(er) und daher von allerlei Pflanzen viel weniger gefragt. Oft ist die bekannte Stiel-Eiche hier nur künstlich eingebracht, um früher den Weidetieren im Wald (in sogenannten Hutungen, in Hudewäldern) Nahrung zu bieten und die dicht beschattende Baumschicht aus Rot-Buche aufzulichten. Das hatte einen Artenzuwachs zur Folge, weshalb eine klare Feststellung der ursprünglichen Waldtypen im Gelände heute oft schwierig bis unmöglich ist. Gerade wenn die Bäume alt, knorrig mehr- bis vielstämmig (sogenannte Kratt-

bäume, Stühbüsche) und die ursprünglichen Kraut- und Strauchschichten inzwischen zu stark verändert sind. Doch meine Begeisterung ist jedes Mal groß, wenn ich in wenigen Sekunden in längst vergangene Epochen zurückgebeamt werde.

Erst der Mensch lichtete die Wälder dauerhaft auf. Zwar waren viele Pflanzen der Strauch- und der Krautschicht schon vorhanden, aber erst bei einem maßvollen Umgang konnten sie ihre Wuchsanteile oder sogar ihr Gesamtareal erheblich vergrößern. Enorm war die Begierde solcher ursprünglichen Standorte, waren es doch sichere Plätze, um Dörfer und Städte zu gründen. Gleichzeitig waren sie auch heiß begehrt, um die Wälder erst in Grünland und dann teils recht schnell in Ackerflächen zu verwandeln. Nicht Birken, Erlen, Fichten und Kiefern mussten zuerst dem Menschen weichen, nein: Die anspruchsvolleren Buchen, Eichen und Hainbuchen wurden vordringlich eingeschlagen, zudem die Gewöhnliche Esche sowie Ahorn-Arten. Erstere kennzeichneten eher

Ödland, Unland, Sumpfland. Denn schon immer hatte es der Mensch auf die besten und damit ertragreichsten Böden abgesehen. Sie verhießen ewige Bleibe und konstanten Wohlstand. Es sind tiefgründige und nährstoffreiche Lehmböden, mit einem entsprechenden Gehalt an Basen und Kalken. Die torfigen, sandigen oder stark steinigen Böden »bewahrte« man sich für spätere Epochen auf. So etwa im 1. Buch Moses nachzulesen: »Mache dir eine Arche aus Tannenholz; in Räume sollst du die Arche teilen und sie innen und außen mit Pech überziehen. Und so sollst du sie machen: 300 Ellen lang soll die Arche sein, 50 Ellen breit, 30 Ellen hoch. Eine Lichtöffnung sollst du für die Arche machen, eine Elle hoch ganz oben sollst du sie ringsherum herstellen; und den Eingang der Arche sollst du an ihre Seite setzen. Du sollst ihr ein unterstes, zweites und drittes Stockwerk machen.«

Da war dann die Tanne dran, aber da hatte Gott schon erkannt, dass die »Bosheit des Menschen sehr groß war auf der Erde«.

In jedem Frühjahr erfreut das kleine Busch-Windröschen das Auge des Waldspaziergängers mit einem weißen Blütenteppich.

BUSCH-WINDRÖSCHEN

Anemone nemorosa
Familie der Hahnenfußgewächse
(Ranunculaceae)

Gott hatte Noah, der noch als Einziger Gnade vor seinen Augen gefunden hatte, zumindest gesagt, welche Tiere er mitzunehmen habe, von dem reinen Vieh mehr, von dem unreinen Vieh weniger, von den Vögeln des Himmels je sieben Weibchen und je sieben Männchen. Gut, so richtig klar ist das auch nicht, aber ich habe nicht die geringste Anweisung. Doch da ich mich auf alle Fälle entscheiden muss: Ich nehme das treue Busch-Windröschen *(Anemone nemorosa)* mit, weil ja so häufig! Denn (Vor-)Frühlings-

zeit ist Buschwindröschen-Zeit, und nicht nur ich freue mich immer wieder darauf. Das Busch-Windröschen blüht in Laubwäldern, am intensivsten in der zweiten Aprilhälfte, im Bergland noch bis weit in den Mai hinein. Wer einen Waldspaziergang in dieser Zeit macht, wird dieser Pflanze begegnen. Ihr wucheriger Geist entwickelt bis 25 Zentimeter hohe, untriebige Rhizome, mit denen sie sich fortbewegt. Sie ist ein giftiges Hahnenfußgewächs *(Ranunculaceae)*, was wohl nicht allen bekannt ist. Busch-Windröschen signalisieren gute Bodenfeuchte- und Nährstoffverhältnisse, Basenreichtum und ein hohes Alter als »ewiger« Waldstandort. In Forsten, selbst nach lang zurückliegender Ackernutzung, findet »mein Buschi« nur allmählich und nur spärlich wieder zurück. Waldpflanze bleibt eben Waldpflanze.

Vom früheren Wald zeugen daher Busch-Windröschen auf ungedüngten Wiesen, in höheren Alpenlagen oder an Böschungen und Gräben in der freien Landschaft. Es ist eine lichtliebende Pflanze, drum muss sie auch so schnell ran und zieht im Juni/Juli bereits wieder ein. Ich habe großen Respekt vor diesem alljährlichen Dauerbrenner, niemals würde ich mitten durch so ein hübsches Weißblütenfeld latschen. Vielleicht ist meine Achtung sogar noch gestiegen, weil ich älter geworden bin. So entsorge ich auch immer häufiger den Müll anderer gerade aus Buschwindröschen-Laubwäldern. Seltener ist dagegen in ihnen das Gelbe Windröschen, noch viel rarer macht sich der plantare Kracher, das Große oder Wilde Windröschen. Beide benötigen deutlich mehr Kalk auf gerne steinigen und auch leichter erwärmbaren Böden.

MAIGLÖCKCHEN

Convallaria majalis
Familie der Liliengewächse
(Liliaceae)

Oft weniger raumgreifend als das Busch-Windröschen ist das hochgiftige Maiglöckchen *(Convallaria majalis)* aus den Laubwäldern und Gebüschen: Es verwildert und geht als Relikt schnurstracks in Parks, Hecken und Gärten. Nicht wenige Menschen haben Angst, Maiglöckchen oder der nicht minder giftige Gefleckte Aronstab könnten sich unter den aktuell beliebten Bär-Lauch und damit unter ihren Salat mischen. Doch das müssen sie nicht, sie sollten nur mal wieder ihre Nasen benutzen: Der Bär-Lauch riecht meilenweit nach Lauch, der Gefleckte Aronstab schlichtweg unangenehm, und das Maiglöckchen intensiv süß. Da gibt es eigentlich nichts zu verwechseln. Wer das von April bis Anfang Juni blühende Maiglöckchen nicht kennt, hat die Welt verpennt! Kein Blütenduft ist betörender, kaum eine der knallroten Beeren an traubigen Fruchtständen und auch die dunkelgrünen Blätter bis in den Herbst hinein sind nun wirklich typischer als bei diesem Liliengewächs. Daher auch immer eine ausgezeichnete Grün-Maßnahme für jeden Park und Wildgarten. Die Pflanze wurzelt einen halben Meter tief, macht ausgesprochen dicht in Beeten und ist nur empfindlich gegen Schnitt. Für den geliebten Zierrasen ist sie also keine Gefahr. Früher und noch heute wird sie als natürliches Mittel gegen Herzschwäche eingesetzt, bestimmte Wirkstoffe, die Digitalis-Glycoside, werden dazu verwendet. Das Maiglöckchen ist auch eine alte Parfümpflanze und niesreizender Bestandteil von Schnupftabak.

Aus den angenehm süßlich riechenden Blüten des Maiglöckchens bilden sich ab Juli leuchtend rote Beeren.

Meist wächst es auf nährstoff- und kalkärmeren Böden in nicht zu dichten Wäldern, die Pflanze ist ein typischer Buchenwaldbegleiter, weil ein ausgesprochener Schattenzeiger. Meistens entrollen sich im Frühling zwei Blätter wie aus einer Tüte. Sie stehen steif aufrecht, sind eiförmig-lanzettlich, ganzrandig und halten sich noch bis in den Herbst hinein – mit dann auch hübscher Vergilbung.

HAINBUCHE

Carpinus betulus
Familie der Birkengewächse
(Betulaceae)

Busch-Windröschen und Maiglöckchen lieben über ihren Köpfen die Hainbuche *(Carpinus betulus).* Die Hainbuche ist gar keine Buche, sondern ein Birkengewächs *(Betulaceae)* – wer hätte das gedacht? Dieser knorrige Charakterbaum kann 300 Jahre alt werden und bis 25 Meter in die Höhe gehen. Er ist ein Früh- und ausgesprochener Windblüher mit langen Kätzchen und den in Kreisen wirbelnden Samen im Herbstwind. Und da zeigt sich nun das Birkenartige! In den vergangenen zehn bis 15 Jahren wurden sie immer mehr, nehmen mit Jungwuchs fast schon bedrohliche Ausmaße an. Wo Hainbuchen erfolgreich befruchtet wurden, biegen sich die Äste teilweise bis auf den Boden. Verantwortlich für die immense Samenmenge sind die vielen Nährstoffe in der Luft, letztlich Schadstoffe wie Ammoniak oder Ammonium (stinkende Gülle), bedingt dadurch, dass man die Ackerflächen (und nicht nur sie) mit ihnen überlastet hat. Magere Ökosysteme dürfen ja nicht sein. Das hat natürlich Folgen: Fast alle Bäume führen sich ja gerade so auf, als sei es heuer ihr allerletztes Jahr. Unverwechselbar ist der knorrige Wuchs der Hainbuche, die Rinde ist

Hainbuchen können bis zu 300 Jahre alt werden, bis zu 25 Meter hoch wachsen, und sie liefern zudem bestes hartes Holz.

oft grau-weißlich längs gestreift, mit Beulen, Löchern, Zwickeln, Zwiebeln und abenteuerlich freigelegten Stammbasen. Richtig hanebüchen eben – ja, davon leitet sich tatsächlich der deutsche Name dieses Baums ab. Er liefert zudem bestes Holz, weil sehr hart. Er ist aber kaum zu gebrauchen, außer für Bleistifte, Brettchen, Kochlöffel oder Schachfiguren. Ein Baum also zum Verrücktwerden, wohl von Hexen verzaubert. Am wertvollsten ist die Hainbuche noch im Wald, denn hier weiß ich dann Bescheid.

Auf den grundfeuchten, mäßig bis sehr nährstoff- und basenreichen Lehmböden finden sich bestimmt noch seltenere Pflanzen als das Busch-Windröschen: etwa Einbeere, Erdbeer-Fingerkraut, Farne, Gelbsterne, Grünliche Waldhyazinthe (eine Orchidee), Schachtelhalme, Schlüsselblumen und auch Sumpf-Pippau, Teufelskralle, Wald-Erdbeere, Waldmeister und Wald-Sanikel. Die allermeisten davon muss ich hierlassen, aber Hainbuchen werden mich dann immer an sie erinnern. Und wie bekomme ich sie nun auf die Arche? Welche Etage ist günstig für sie? Und auch bei der nächsten Art geht es um die richtige Verschiffung. Aber zum Glück gehen ja auch die Samen …

ROT-BUCHE

Fagus sylvatica
Familie der Buchengewächse
(Fagaceae)

Der Waldmeister bei uns ist nun nicht der Waldmeister, das ist die Rot-Buche *(Fagus sylvatica),* ein Baum von echtem Format. Nichts ist so schön, wie Ende April unter dem noch zart hellgrünen Blätterdach zu liegen, geschützt auf altem Laub oder Polstern vom Frauenhaarmoos, und über sich oder den Sinn des Lebens zu sinnieren. Ich mache das jedes Jahr aufs Neue, möglichst weit abgelegen von der Zivilisation, bei Sonnenschein und leichtem Wind. Das ist meine Meditation, ein regelmäßiges Prozedere, ein Muss. Die Blätter von Eschen, Linden oder Stiel-Eichen sind dann noch lange nicht in Sicht. Später beschattet die Rot-Buche von unseren Laubbäumen am rigorosesten, unter Buchen kann man dann lange suchen. Kaum ein Kraut oder Strauch kann es bei diesem Drängler aushalten, unserem Hauptbaum bis in höhere Lagen der Alpen. Das verraten auch die vielen Städtenamen, von Bad Buchau, Buchenau, Buchenwald, Buchloe bis zu den vielen Buchhölzern. Und bei Bad Buchau gibt es sogar einen Federsee, den führte ich mir im Juni 2018 zu Gemüte! Nur das Salz der Küstenmarschen, zu tonige, zu lange überstaute oder zu trockene Böden sowie die alpinen Regionen oberhalb der Waldgrenze werden verabscheut.
Denn es gibt tatsächlich Experten, die der Meinung sind, die Rot-Buche würde sich

sogar der entwässerten Hochmoore bemächtigen. Wenn man sie nur ließe. Ich selbst gehöre aber mitnichten dazu. Alles hat nämlich seine Grenzen – die Buche bei 45 Meter Höhe, bei einem Alter von 400 Jahren und bei einem Durchmesser von zwei Metern. Ein Baum mit glatter, grauer Rinde, die bei uns neben Haselnuss und Hainbuche keine echte Borke ausbildet. Auch die dreikantigen, zwei Zentimeter langen, zu dritt in ihren am Ende knochentrockenen Fruchtbechern verharrenden Bucheckern verachte ich nicht. So wie schon zu Anfang das dünne, sogar zottig behaarte Buchenlaub, das wie

Bereits Ende April kann man unter dem zarten Blätterdach der Rot-Buche Platz nehmen.

Sauerklee schmeckt. Allerdings ist Letzteres nur ein kurzes Vergnügen, denn bald wird alles nur noch ledrig-derb. Was zwar die Kaumuskeln trainiert, aber nicht mehr durch den Hals gehen will. Die Rot-Buche ist ein Baum mit erstaunlich kleinem Areal – es reicht nach Norden nur bis Süd-Schweden und zu den Pyrenäen, verfehlt aber die Britischen Inseln. Nach Osten hin ist Schluss in der Mitte von Polen, und schon in der Ukraine und der Türkei ist sie unbekannt.

DIE QUELLEN

WECHSELBLÄTTRIGES MILZKRAUT UND RIESEN-SCHACHTELHALM

Raus in die Natur

Quellen – in vielen Gegenden auch Born oder Spring oder Springe genannt. Was haben die mich schon in frühester Kindheit angezogen. Quellbäche stauten wir an, wir sprangen drüber, wir sackten ein und beschmutzten uns so richtig. Ein Ort wie Bad Lippspringe – wir mussten dorthin radeln. Emsquelle, Hasequelle, Paderquelle – sie alle sind mein kindliches Rüstzeug in der ostwestfälischen Diaspora. Von denen, die haustürnah zu finden waren, den kleinen: Hasbach, Lutter, Schwarzbach und Wittensiek, von denen will ich gar nicht erst fabulieren. Und dann gab es noch die Sickerstellen, wo das Wasser mehr über Steine rieselte, meist nur kleinflächig ausgeprägte Nassbiotope. 1990 kam dann die Quelle von Bötersheim in der Nordheide hinzu (ein Quelltopf neben der Este), oder 2019 endlich der Aachtopf im baden-württembergischen Aach. Hier befindet sich Deutschlands stärkste und größte Karstquelle. Ein regelrechtes Erlebnis, denn sage und schreibe

durchschnittlich 8 000 Liter sprudeln da heraus, sekündlich, versteht sich. In Spitzenzeiten, zur Schneeschmelze, sind es dann auch mal 24 000 Liter. Es ist vor allem Donauwasser, was frech um Tuttlingen unterirdisch abgeleitet wird in die Aach. Diese Donau wird damit eigentlich zu einem Nebenfluss des Rheins! Was diese Aach bereits im Handumdrehen zu einem reißenden Fluss werden lässt. Und das nun gar nicht einmal mehr heimlich.

Im Sommer liegen dann manchmal ganze Abschnitte der Donau monatelang trocken. Kurz zuvor kann man genau beobachten, wie das dann flache Wasser entgegengesetzt zur normalen Fließrichtung geradezu »bergauf«, also zurückfließt, um schließlich gurgelnd und leicht schäumend in irgendwelchen seitlichen Kalksteinklüften zu verschwinden. Spaziert man an solchen exorbitanten Riesenporen vorbei, kann urplötzlich ein kühlerer Luftzug bemerkt werden. Das gesamte Lockergestein scheint dann zu atmen. So richtig erfüllend ausgestattet sind Quellen nämlich vor allem im Bergland, wenn es danach recht schnell über Stock und Stein abwärts führt. Je nach Wasserschüttung und Wasserhärtegraden variieren hier die Arten. Quellen gehören zu unseren gefährdetsten und sensibelsten Lebensräumen. Häufig werden sie unterschätzt wegen ihrer geringen Größe, ihrer Abgelegenheit und auch aufgrund ihrer eher unscheinbaren Pflanzen. Dabei erfreuen sie jeden Wanderer, vor allem im Sommer für ein kurzes Labmal.

man sich am besten im sicheren Bachbett. So verschont man diese extrem trittempfindlichen Grazien, Steinbrechgewächse *(Saxifragaceae)*, und versinkt selbst auch nicht im gluckernden, nicht selten knietiefen Morast. Brutalen Holzeinschlag und Waldweide verabscheuen diese quelligen Bewohner genauso wie längere Sonneneinstrahlung. Diese sich abduckenden Winzlinge haben zierlich gekerbte und borstig behaarte Blätter (hübsch bei Raureif). Sie wurden aber kaum beachtet. Erst die Signaturenlehre rief sie auf den Plan, man setzte sie tatsächlich gegen Milzleiden ein.

WECHSELBLÄTTIGES MILZKRAUT

Chrysosplenium alternifolium
Familie der Steinbrechgewächse
(Saxifragaceae)

In einem stärker kalkarmen Milieu findet sich das Wechselblättrige Milzkraut *(Chrysosplenium alternifolium)* ein, häufig in Begleitung seines selteneren Bruders, besser Zwillings, des etwas niedrigeren und deutlich dichter polsterartig wachsenden Gegenblättrigen Milzkrauts. Beide kleiden Quellen, später auch flache bis steile Bachufer sowie ganze Bach-Erlen- und Bach-Eschenwälder in ihren schmalen Geländewannen aus. Fast etwas verschämt wirkt das Wechselblättrige Milzkraut, wenn es sich zuerst in Gestalt von dunkelgrünen Matten zeigt, doch zur Blütezeit von Anfang April bis in den Juni hinein blendet es mit einem krösusartigen Gelbgold. Feucht bis nass, meist wechselnass, nur mäßig nährstoffreich, meist kalkarm geht es hier zu. Damit man dem Wechselblättrigen-Milzkraut keinen Schaden zufügt, bewegt

Der Quellbewohner Wechselblättriges Milzkraut wurde bereits im Mittelalter tatsächlich gegen Erkrankungen der Milz eingesetzt.

Der Riesen-Schachtelhalm erreicht eine beeindruckende Wuchshöhe von bis zu zwei Metern.

RIESEN-SCHACHTELHALM

Equisetum telmateia
Familie der Schachtelhalmgewächse
(Equisetaceae)

Ganz anders präsentiert sich der offensive Riesen-Schachtelhalm *(Equisetum telmateia)*. Er ist eine »Urvieh«, was seine Evolutionsgeschichte betrifft. Untermauert wird der Eindruck durch seine bis zwei Meter hohe Wuchsleistung. Ein gigantischer Schachtelhalm, zwar nicht so grandios wie zu Zeiten des Karbons, aber immerhin. Schon früh im Mai zeigt er in einem flaschenbürstenartigen Gewand seine spätere unverwechselbare Gestalt. In dichten Beständen führt er Regie an durch- und übersickerten Stellen, am liebsten auf Lehm und Ton, im Nährstoffreichen und nicht zu stark Besonnten, an Böschungen. Das vollführt der mit bis zu zwei Zentimeter dicken, grünlich-weißen Halmen aufgestellte Riesen-Schachtelhalm auch noch längs der Ostseeküste, an den

Kliffs, selbst auf Rügen und bis in die Flensburger Förde hinein. Im Alpenvorland und bis tief in die Täler hinein ist er ebenfalls sehr häufig zu entdecken.

Kälte macht ihm überhaupt nichts aus, ist ja auch kein Wunder: Quellen frieren langsamer ein und tauen früher auf. In diesen Monaten zieht er sich vollends zurück und schützt seine Standorte höchstpersönlich durch sein schwer verrottbares, weil kieselsäurereiches Material. Markenzeichen sind lange, dünne Ästchen, die acht- bis zehnkantig sind. Besonders überzeugt dieses schachtelhalmische Monstrum mit 20 bis 30 pechschwarzen Scheidenzähnchen, die jeden Halmabsatz zieren. Eine Lupe im Gepäck macht hier Sinn, so erkennt man eine lustige Verkettung von Riesenrädern. Ganz nach Schachtelhalm-Manier reichen seine Rhizome von Quellwäldern, Bächen, Gräben und Nasswiesen auch ab und zu noch auf angrenzende Lehmäcker hinüber. Dann ergibt sich ein besonders kurioses Bild – dieser giftige Riesen-Schachtelhalm im Heer vieler Weizenhalme oder als Unterwuchs im Maisfeld.

DER BACH

BITTERES SCHAUMKRAUT UND HOHE SCHLÜSSELBLUME

Raus in die Natur

Aus Quellen werden Bäche. Im Verlauf dieser Fließgewässer nimmt neben der Breite auch der Nährstoffgehalt von Natur aus zu, die Substrate im Wasser wandeln sich von felsigem Schiefergestein oder kiesigen Geröllen allmählich zu Sand und Schlamm. Der Kalkgehalt kann schon von Anfang an beträchtlich sein, er nimmt dann entweder allmählich ab oder in tiefer gelegenen Bereichen durch andere Umwelteinflüsse (wieder) stetig zu. Klares, schnell fließendes Wasser, geführt in baumbestandenen Mäandern durch Bergwiesen und in Feuchtwäldern, kennzeichnen einen gesunden Bach und damit eine intakte Kulturlandschaft.

Bäche waren für Menschen schon seit jeher Brennpunkte. Hier siedelte man, hier befeuerte man Mühlen, hier wurde gespielt, gewaschen, getrunken und gesprochen. Sie dienten dem Fischfang, als Grenze wie auch als verbindendes Element. Schon früh legte man an Bächen parallel seine ersten Verkehrswege an. Ohne die Bäche wäre unsere Zivilisation

nicht denkbar. Hier labe ich mich selbst, hier verweile ich, hier komme ich zur Ruhe, hier lausche ich, und hier werde ich mir selbst wieder bewusster. Und hier wachsen natürlich wieder allerhand Pflanzen. Es sind Arten der Bachröhrichte wie Bachbungen-Ehrenpreis, Berle oder selbst die Rarität Röhrige Pferdesaat. Aber auch Vertreter der Quellen oder Gewächse der Röhrichte und Sümpfe. Sie alle müssen Wellenschlag durch Hochwässer vertragen, den steten Wechsel von Sonne und Schatten, auch hin und wieder trocken fallen können.

Die ständigen Veränderungen von Fließgeschwindigkeiten und Sedimenten sowie (Un-)Tiefen sind charakteristisch für einen anständigen Bach, seine Exposition, seine Nutzungsmöglichkeiten. Einen Bach muss man zwecks kompletter Artenerfassung immer vollständig ablaufen, am besten gleich mehrfach im Jahr. Bäche versetzen einen immer wieder in Erstaunen, und mit einiger Erfahrung weiß man schließlich, was einem hier alles blühen kann.

BITTERES SCHAUMKRAUT

Cardamine amara

Familie der Kreuzblütler
(Brassicaceae)

Eigentlich müsste ich hier dringend die bekannte und geschätzte Schwarz-Erle verarzten, ähm »verarchen«, aber ich kann doch nun nicht immer nur die Großen ins Boot holen. Sonst würde mir prompt das Bittere Schaumkraut *(Cardamine amara)* mit seinen kantigen Stängeln und violetten Staubblättern durch die Lappen gehen, das von April bis Juni in weithin sichtbaren, schneeweißen Überzügen die Bachränder ziert. Es ist ein bis 40 Zentimeter hoher Kreuzblütler *(Brassicaceae)*, essbar, bitter bis scharf schmeckend, selbst die Blüten – aber sehr gesund. Das Bittere Schaumkraut treibt schon sehr früh aus, schon im alten Jahr, wodurch es sich früher gerade im Winter als

hochwillkommene Vitamin-C-Pflanze anbot. Sie verhinderte Skorbut, diese einst gefürchtete Vitaminmangel-Krankheit. Wenn ich sie sehe, nasche ich ab und zu von ihr – man gönnt sich ja sonst so wenig! Sie ist eng verwandt mit der Brunnenkresse, nur hockt sie eben an beschatteten Bächen. In dichten Decken kuschelt sie im morastigen Gelände mit Bachbungen-Ehrenpreis, Echtem Springkraut, Gewöhnlichem Frauenfarn, Kriechendem Günsel, den beiden Milzkräutern sowie dem Wald-Geißbart (nur im Bergland). Im Sommer und Herbst macht diese dunkelgrüne Art dann schon viel weniger Aufhebens von sich und fruchtet selten. Bleibt aber stets ein wichtiger Boden- und Feuchtehalter an extremen Standorten. In den Alpen krabbelt sie bis auf fast 1 900 Meter Höhe und sitzt am liebsten im und am sauerstoffreichen, kühlen, glasklaren Wasser. Und da bin ich dann natürlich auch, nur mich am Wasser labend als abgekämpfter und daher schwitzender Fahrradfahrer oder Wanderer.

Das essbare Vitamin-C-reiche Bittere Schaumkraut ist eng mit der Brunnenkresse verwandt.

HOHE SCHLÜSSELBLUME

Primula elatior
Familie der Primelgewächse
(Primulaceae)

Die Queen an flachen oder ausgehagert steilen Bachuferkanten, in Buchen-, Eichen- und sogar Nadelwäldern ist im April die Hohe Schlüsselblume *(Primula elatior)*. In den Voralpen und Alpen blüht sie verlässlich auch erst Anfang bis Mitte Juni. Da ist man als Flachlandtiroler jedes Mal völlig baff, wenn hier tatsächlich noch Windröschen, Waldmeister, Wald-Sauerklee, Scharbocks- kraut und ebendiese geschützte Schlüsselblu- me ihre Blüten hochhalten. In tiefen Lagen sind diese Zeiten nämlich für alle längst vorbei. Wer es in luftige Höhen zieht, kann also alles gleich doppelt erleben! Das lasse ich mir auch immer weniger nehmen, seit- dem ich viel weniger Drahtesel fahre und neuerdings mehr mein Auto benutze. Solche Regionen waren mir früher sehr fern, fast fremd, da kam ich nie hin, das war praktisch Ausland, nur ohne Passvorlage.

Die Hohe Schlüsselblume, mit bis 25 Zenti- meter Höhe alles andere als »hoch«, zeigt sich in einem helleren Gelb als ihr Pendant auf weniger nassem Terrain, die Wie- sen-Schlüsselblume. Beide besitzen soge- nannte Stieltellerblüten, sie sind gleichzeitig radartig ausgebreitet und am Grund röhrig verengt. Da kommt dann auch nicht jeder einfach so rein, nur die kräftigen Bienen und Hummeln. Die Hohe Schlüsselblume ist eine Leuchterblume, eine mit Signalwirkung, eine markante sogenannte Schaftpflanze, also ohne Blätter am langen Blütenstandsstängel. Diese kontrastreiche Schönheit hat eine auffallende Behaarung an Blättern und Stängeln, wenn gleich fünf, ja bis zehn nackte Blütenstände je Exemplar wie kleine Schlüs- selbunde im noch jungen Laubwald prangen.

Die Hohe Schlüsselblume öffnet vor allem den krätfigen Bienen und Hummeln ihre Pfor- te zum Nektarparadies.

Das finde nicht nur ich schön, leider frisst auch so manches Wild diese Schmuckstücke frech ab. Zurück bleiben dann eher traurige Gestalten. Viel schlimmer als die vierbeini- gen Rehe sind jedoch die zweibeinigen Menschen, die Schlüsselblumen noch immer einfach so aus der Natur buddeln. Da kann ich dann fuchsteufelswild werden. Schon mehrfach mussten diese Ausgraber alles wieder einpflanzen, da kenne ich bei dieser völlig zu Recht geschützten Schöpfung keine Gnade. Übrigens gelangen die später weniger samtigen Blätter weit nach der Blütezeit bei ausreichender Nässe noch zu ganz beachtli- cher Größe. Diese dunkelgrünen, vermeint- lich mysteriösen Büschel sind mancherorts noch bis in den August hinein doch noch richtig zu deuten.

Der Tag kann beginnen: Zauberhafte Morgenstimmung in der idyllischen Landschaft.

DER SANDACKER

KORNBLUME, SAND-MOHN UND FUCHSROTE BORSTENHIRSE

Raus in die Natur

In keinem anderen Lebensraum gibt es ein derart ständiges Hauen und Stechen wie auf Äckern, der mehrmalige Pflug im Jahr droht noch jeden unter die Erde zu bringen. Hier hilft oft nur die Strategie der Samenbildung oder ein meist unberechenbares Fortbestehen mit besonders starken Ausläufern. Bäume und Sträucher haben an diesen Dauerstörstellen schon mal null Chance. Fast alle Arten der Äcker sind tatsächlich auch genau als solche bezeichnete Störzeiger! Extremisten also, ihres Zeichens Grenzgänger, wahre Opportunisten, nicht selten humorlose Typen wie Acker-Spörgel, Einjähriger Knäuel, Kleiner Ackerfrauenmantel, Sumpf-Ruhrkraut, Vogelknöterich oder Weißer Gänsefuß. Oft sind es aber auch sogenannte Alteinwanderer wie Korn- und Mohnblume, sofern sie bei uns nicht schon vor der Ackernutzung lokal an Bodenabrissen der Flüsse, nach Bränden auf Erdblößen, um Tierbauten oder nach Windwurf ein Standbein gefunden hatten.

Mit der »großen Öffnung unserer Wälder« vor etwa 4 000 bis 5 000 Jahren konnten mit der Etablierung des Ackerbaus zahlreiche Arten allmählich von Süden und von Südosten her nach Mitteleuropa einwandern. Archäophyten sagen wir dazu, bis zu einer Optimalphase um 1900.

Heute und schon seit Längerem geht es diesen meist konkurrenzschwachen Arten jedoch massiv ans Leder. Selbst die immer schmaleren Randstreifen zu Gräben, Hecken, Straßen und Wegen sowie zu Wäldern werden ihnen streitig gemacht durch die ständig größere Gier der PS-starken Protagonisten auf ihren inzwischen riesigen Treckern. Panzertrecker, sage ich nur noch dazu, Geschosse, ja, wahre Waffen. Da findet dann wirklich keinerlei Bewirtung mehr in irgendeiner Form statt, jedenfalls nicht mehr zum Wohle aller Beteiligten.

Nirgends ist der Verlust an Arten, an Artenvielfalt nämlich so dermaßen hoch wie auf unseren ehemals bunten Ackerflächen. Als man anfing, sich bewusst zu machen, dass

Die tiefblauen Kornblumen geben ein beeindruckendes Bild von der Farbenpracht der Natur.

gerade hier viel vernichtet wird, wurde es erst so richtig schlimm. Nicht um 1970 oder um 1990, nein, erst nach 2010 und besonders nach 2015. Rasant ist hier gar kein Ausdruck. Und ein Acker-Rittersporn oder eine Saat-Wucherblume können eben nicht am Ackerrand, außerhalb des Ackers überdauern. Nach einer Straßenerweiterung oder nach einem Rohrleitungsbau tauchen diese Arten nur kurzzeitig auf. Sie tanzen hier überwiegend nur einen einzigen Sommer. Denn dann kommen schon die viel stärkeren Pflanzen wie Gräser und Wildstauden und verdrängen, wo sie nur können.

Das gilt für alle Ackertypen und Feldfrucht-arten. Nur im Acker ist ihnen wirklich zu helfen. Und dafür brauchen wir heute jeden vernünftigen Landwirt mit gesundem Menschenverstand, mit Moral und mit wenigstens lokalem Artenwissen.

KORNBLUME

Centaurea cyanus
Familie der Korbblütler
(Asteraceae)

Von Mai bis Oktober erfreut uns vor allem auf sandigen Äckern das Tiefblau der Kornblumen *(Centaurea cyanus)*, leider in großen

Auch die wunderschöne Kornblume steht heute leider auf der Liste der bedrohten Arten.

Mengen ein immer selteneres Bild. Vorzugsweise bevölkert die Kornblume Getreidefelder, seltener und oft nur als Relikt ein vorjähriges Kornfeld, oder sie schwankt im Wind zwischen Kartoffeln und Rüben, kaum aber lässt sie sich am Mais blicken.

Die Kornblume ist ein Höhepunkt der Flora Ende Mai bis Juli, wenn die etwas aufgeplusterten Blüten sich in einer Höhe bis zu einem Meter noch über das Getreide erheben. Möglichst schnell muss bei diesen Pflanzen nun jetzt die Fruchtreife erreicht werden, denn die Erntezeit von Hafer und Roggen naht blitzschnell.

Diese reich verzweigte Blume mit leicht filzigen, lineal-lanzettlichen, bis fünf Millimeter breiten Blättern ließ sich früher vorwiegend auf nur mäßig mit Nährstoffen versorgten »leichten« Böden nieder. Erste Nachweise gibt es seit der Jungsteinzeit, also vor etwa 8 000 Jahren.

Es war nur ein kurzer Weg in die Herzen der Menschen, einst dicke Kornblumensträuße legen deutlich Zeugnis davon ab. Heute aber stehen diese Pflanzen auf der Roten Liste, und ich freue mich daher über jede Einzelpflanze irgendwo im Gras oder auf Schuttstellen, wo es allerdings kein langfristiges Überleben geben kann.

Diese Bienenweide und Schmetterlingswiese wurzelt bis 60 Zentimeter tief und wird durch Ameisen und den Wind verbreitet. Auf überdüngten Böden ziehen sich die Kornblumen zurück, und Dauernässe ist auch überhaupt nicht ihr Ding.

Auf Terrassen und Balkonen in Töpfen ausgesät, retten Sie aber nur ein wenig von den Kornblumen und ihrem alten Glanz. Wie gesagt, auch bei ihnen spielt nämlich nur draußen die Musik!

SAND-MOHN

Papaver argemone
Familie der Mohngewächse
(Papaveraceae)

Schon immer seltener war der nur zehn bis 30 Zentimeter hohe Sand-Mohn *(Papaver argemone)*; im Süden, im Nordwesten und in den höheren Gebirgen Deutschlands macht er sich gänzlich rar. Von allen hiesigen

Noch ist der Sand-Mohn bei uns in Deutschland – dank seiner Anpassungsfähigkeit – glücklicherweise nicht gefährdet.

Mohn-Arten blüht er als Erster, schon Ende April geht es los. Dann zeigen sich die tiefroten Blüten mit den innen pechschwarzen Flecken, die einen unverfroren anblicken. Ganz klar mein Lieblingsmohn, wenngleich ich die mit 60 bis 80 Zentimeter deutlich höheren Saat- und Klatsch-Mohne auch nicht verachte.

Zum Glück sind die Mohn-Arten nicht engstirnig – der Sand-Mohn beispielsweise ist fix unterwegs, auf Bahnanlagen, in Industriegebieten, auf Brachen, an Grabenkanten, selbst in Dörfern am Fuß von Mauern oder an städtischen Parkplätzen.

Der Sand-Mohn ist ein richtiger Pfiffikus, ein Nischenfinder, an Spargelfeldern! Denn er weiß ganz genau: Vor April und nach der Ernte Ende Mai kann ihm hier gar nichts mehr passieren.

Seine Haare legt der Sand-Mohn eng an die Stängel an, die ersten Blütenköpfchen nicken reizend, die bläulich-grünen Blätter sind besonders schmal gezipfelt (von allen Mohn-Arten ist er ungemein trockenheitsresistent), die Kapseln sind mit steif abstehenden weißen Borsten gesegnet.

Anhand der Samenkapseln lassen sich alle unsere acht deutschen Mohne unterscheiden, verständlicherweise fällt das jedoch vielen schwer. Die länglichen Kapseln sind Streubüchsen, die unter gewisser Anspannung stehen. Durch Wind und bei Berührung durch Mensch und Tier werden die zahlreichen feinen Samen bis zu vier Meter weit in der Umgebung verteilt.

Papaver ist der lateinische Name des Mohns, was wohl mit der mittelalterlichen Sitte zusammenhing, quengelnden Kindern zur Ruhigstellung einen Brei oder Sud aus Schlafmohn-Kapseln zu geben (lat. *papa* = Kinderbrei).

FUCHSROTE BORSTENHIRSE

Setaria pumila
Familie der Süßgräser
(Poaceae)

Erst ab Juli steigen die Scheinähren, in Wahrheit sind es Rispen, der bis 1,5 Meter hohen Fuchsroten Borstenhirse *(Setaria pumila)* auf, und das mehr und mehr. Ein ausgesprochener Wärmezeiger, ein Klimaveränderungsgewinnler, eines unserer schönsten Gräser.

Diese wundervoll orangefarben schimmernden Grannen, vor allem im Gegenlicht abends oder schon früh morgens, dann noch mit Tau drauf – das muss man wirklich gesehen haben.

Im Mais und in Rübenfeldern, auf Sand oder im Gemisch mit Lehm fühlt sich die Fuchsrote Borstenhirse am wohlsten. Eine Standortbeschreibung würde bei ihr so aussehen: nie ganz trocken, aber immer schön in der Sonne und im freien Stand. Auch längs von Straßen, in den Auf- und Abfahrten der Autobahnen, auf Bahngeländen und in Häfen hat sie sich inzwischen eingenistet. Am liebsten mit anderen Borstenhirsen und den Fingerhirse-Arten, aber ebenso mit salzanzeigenden Pflanzen wie dem Gewöhnlichen Salzschwaden, dem Krähenfuß-Wegerich und der Salz-Schuppenmiere.

Oft erscheinen die Pflanzen in großer Anzahl und lang gestreckt wie kleine Feuerwände. Der eine oder andere wird diesem Gras schon mal im Hausgarten begegnet sein, dann sieht man es, ausgebüxt aus Vogelhäuschen, zwischen Zierpflanzen sitzen.

Dieses auch im Mittelmeergebiet beheimatete Süßgras trotzt der Hitze vor allem durch behaarte Blattscheiden und durch einen Haarkranz an den Blattansätzen. Noch im November und sogar noch im Dezember prahlt es mit seinen adretten Grannen an dann samenlosen Spindelresten.

Die Fuchsrote Borstenhirse ist eindeutig eine Gewinnerin der Klimaveränderung in unseren Breiten.

DER LAUBWALD DES BERGLANDES

BÄR-LAUCH, WALDMEISTER, LEBERBLÜMCHEN UND STIEL-EICHE

Raus in die Natur

Aus diesem artenreichen Komplex, bei uns auch mit hohen Flächenanteilen, müssen vier Pflanzen mit auf die Arche. Das ist die Ausnahme, das hat aber verschiedene Gründe. Allmählich kommen wir weiter nach Süden voran, gewinnen so langsam an Höhe. Über den artenreichen Laubwald verlor ich mich bereits ganz allgemein, aber Laubwälder im Bergland – in den unteren bis mittleren Höhen bis zum Hochmontanen – sind noch etwas anderes. Wobei: Die Stiel-Eiche verabschiedet sich jetzt oft schon ab 600 bis 700 Meter Höhe. Vor allem im Herbst wird man auf die laub- und dann fruchtabwerfenden Baumgestalten ein letztes Mal aufmerksam. Später ragen nur noch die Äste in den kalten Winterhimmel, harren aus, bis sie uns alljährlich aufs Neue mit dem ersten zarten Blattgrün erfreuen. Im Bergland sind die Böden steil und steinig, an besonders trocken-heißen Abhängen magern vor allem Buchen regelrecht ab. Sie klammern sich mit größter Wurzelakrobatik am klüftigen, an

Feinerde armen und leicht erwärmbaren Untergrund fest. Lang, fast oberflächlich, ziehen sich die Wurzeln den Abhang herunter – sie stützen dabei ab, was das Zeug hält. Doch weil ihre Wuchsleistungen kümmerlich waren, entgingen sie gebietsweise den Hochwaldnutzungen moderner Forstwirtschaft.

BÄR-LAUCH

Allium ursinum
Familie der Liliengewächse
(Liliaceae)

Der rigorose Bär-Lauch *(Allium ursinum)* ist gerade in aller Munde, und das meine ich wortwörtlich. Eigentlich schon seit langem, davon zeugen die vielen Auspflanzungen an allen möglichen und auch unmöglichen Stellen. Die nimmt das Liliengewächs aber dankend an, so kann man heute Bär-Lauch sogar in Gegenden ernten, wo es diese Zwie-

Der Bär-Lauch erlebt seit einigen Jahren eine wahre Renaissance in der europäischen Küche.

belpflanze vorher nie gab. Selbst in Heiden, Marschwiesen und Städten. Eine fleißige Pflanze, die es in kurzer Zeit geschafft hat, in die Köpfe der Menschen zu kommen. Als Pesto, Salatpflanze, Smoothie und Würzart. Und als sehr lange haltbare Vasenblume. Und weil es hier ja um Lebenshilfe geht: Die Zwiebelpflanze ist vorzüglich geeignet für große Wildgärten. Die Betonung liegt dabei auf »groß«, denn der Bär-Lauch mit seinen langen und schon Anfang Februar erscheinenden Blättern ist expansiv, und zwar auf allen Bodentypen. Er ist jemand, der sich Platz verschafft, schnell die Oberhand gewinnt, rangeht wie Blücher, der preußische Heerführer. Zierrasen oder Fichtenbestände halten ihn nicht davon ab. Unvergleichlich ist so ein voll nach Lauch duftender Spätfrühlingswald auf nie zu trockenem Boden – der Bär-Lauch ist ein Auen-, ein Wechselfeuchte- und Nährstoffzeiger. Und da der stark giftige Gefleckte Aronstab – er und Bär-Lauch wachsen beide gern zusammen – hier auf der Erde zurückbleiben muss und nicht mit auf

die Arche darf –, haben wir somit gleich das Problem der möglichen Verwechslung gelöst. Wobei Letzterer, wie schon erwähnt, wenig oder eher unangenehm riecht und später mit seinen korallenroten, beerenbesetzten »Aronstäben« schon ein wenig abschreckt.

WALDMEISTER

Galium odoratum
Familie der Rötegewächse
(Rubiaceae)

Auf der Deutschland-Arealkarte vom Waldmeister (*Galium odoratum*) ist auf dem ersten Blick zu erkennen, wo dieser bis 25 Zentimeter hohe Zwerg nicht vorkommt: Er meidet sämtliche Moor- und Sandgebiete und zeigt die waldfreien Nordseemarschen oder das eher waldarme Niederbayern an. Den Waldmeister verschlägt es selten in die Heiden, und er sehnt sich nicht nach den (alten) Überschwemmungsgebieten der großen Flüsse (etwa am Niederrhein). Aber sonst? Eine Paradepflanze unter Buchen und Eichen, Eschen und Hainbuchen, reliktartig in Fichtenforsten. Ein Zeiger mittlerer Standorte, also mit von allem ein bisschen. Ein ausgesprochener Maiblüher, ein gekonnter Wurzelheld, eine wertvolle Würzpflanze für Eis, Getränke und in Maßen auch für Salate. Der intensive Geruch rührt vom Cumarin her (der Duftstoff wird erst durch Zerreiben freigesetzt). Auf den zarten weißen Blüten hocken bestäubende Bienen und Fliegen. Er ist ein Lehmzeiger, ein Flachwurzler und Schattenfreund – ein Meister des Waldes durch und durch.

Oft wird er gepflanzt und verwildert dann, was leider die Arealansprache erschwert – sein einzig negativer Zug (wofür er natürlich nichts kann). In den Alpen krabbelt der Waldmeister bis auf 1 400 Meter hoch, hier eifert er der Rot-Buche nach.

Der wohlriechende Waldmeister wird häufig für Bowlen und Süßspeisen verwendet. Aber auch in der Heilkunde hat er seinen Part.

LEBERBLÜMCHEN

Hepatica nobilis
Familie der Hahnenfußgewächse
(Ranunculaceae)

Allein aus ästhetisch-moralischen Gründen hat das gediegene Leberblümchen *(Hepatica nobilis)* ein Recht auf eine Mitfahrgelegenheit. So etwas Schönes hat sich in Bremen noch nicht vorgestellt. Aber nicht nur für mich ist dies ein kleines Ärgernis – das Gleiche gilt für alle westlich einer Linie von Kiel über Münster bis Schaffhausen. Hier fehlt die kontinentale Art nämlich mit ihren bezaubernden Blüten in Blau – mit einem Hauch Violett – und den dreilappigen Blättern völlig. Unerwartet, ein herber Verlust. Es ist eben nur ein joviales Schmuckstück sehr gut kalkversorgter Waldböden. Woanders dann aber ist das Leberblümchen ein richtiger Tausendsassa – in Bayern, Thüringen oder Vorpommern guckt man da kaum noch hin. Eine pfiffige, aber giftige Art, denn erneut ein Hahnenfußgewächs.

Das Leberblümchen favorisiert auch steinigen, frühjahrserwärmten Boden. Eigentlich ist es nach der Blütezeit im April besser zu sehen als zuvor, wenn nur die vorjährigen Blätter den Boden vor Frost schützen und die himmelblauen Blüten dann noch kaum auffallen. Leider wird diese Pflanze immer noch gerne ausgegraben, um sie sich in den heimischen Garten zu holen.

Das muss aber gar nicht sein (und darf auch nicht, das Gewächs steht unter Naturschutz), heute kann man das Leberblümchen doch kaufen. Das hat einen besonders großen Vorteil: Im Wald ausgegrabene Pflanzen mickern im Garten meist vor sich hin, nicht so die Stauden aus der Gärtnerei. Die Natur lässt sich nicht foppen. Wald ist und bleibt nun mal Wald! Und bei diesen anspruchsvollen Arten sowieso!

Wer Leberblümchen in seinem Garten vertreten sehen will, sollte unbedingt auf die robusten Pflanzen der Gärtnerei zurückgreifen.

STIEL-EICHE

Quercus robur
Familie der Buchengewächse
(Fagaceae)

So schnell macht ihr das keiner nach: Auf und in der Stiel-Eiche *(Quercus robur)* machen es sich über 400 Tierarten gemütlich. In Deutschland gibt es nur drei Eichen-Arten. Die Stiel-Eiche ist die mit Abstand häufigste, härteste, bekannteste – es ist die deutsche Eiche. Eine Baumart völlig für sich, gefeiert seit Ewigkeiten, schon dieses Eichenlaub ... Dabei ist diese Art borkig, eigensinnig, krumm, rissig, störrisch und unverwüstlich. Im Frühjahr ist sie recht spät dran mit dem Blattaustrieb, und im Herbst muss man ewig lang warten, um unter Eichen Laub zu harken. Eichenhecken halten das Laub sogar noch bis zum erneuten Blattaustrieb. Die Stiel-Eiche ist ein Alleebaum, ein Gerichtsbaum, ein Hofbaum, ein Schmuckbaum. Ein wertvolles Bauholz, selbst unter Wasser – diese Arche wird aus Eiche sein,

nicht aus Tanne, wie es Noah befohlen war. Die Stiel-Eiche wird bis zu 800 Jahre alt und bis zu 50 Meter hoch. Allein deshalb ist sie unverzichtbar. Im Wald ist sie stets eine Quelle des Lichts. Eichenwälder sind hell und warm, Buchenwälder dunkel und feucht. Darum mischte man früher auch durch, auf Kosten der stärkeren Buche, die dann aber ab 600 Meter Höhe oft allein das Sagen hat. Die Stiel-Eiche ist aber ebenso Bestandteil buchenfreier Hartholzauenwälder, gedeiht in den Bereichen an den großen Strömen, die bis zu 150 Tage jährlich überschwemmt werden können. Stiel-Eiche heißt sie deshalb, weil die Fruchtbecher lang gestielt sind – als Kind spielten wir damit Pfeifenraucher. Dabei sind die Blätter dieser Art fast sitzend, unsymmetrisch und nur kaum einen Zentimeter lang gestielt. Letztlich ist das eine etwas irreführende Bezeichnung. Was aber kein Tier stört.

Die Stiel-Eiche ist für uns ein Symbol der »Ewigkeit«. Kein Wunder, denn dieser Baum kann bis zu 800 Jahre alt werden.

DER MONTANE EDEL-LAUBWALD

BERG-AHORN, EUROPÄISCHE HASELWURZ UND GIERSCH

Raus in die Natur

Im Unterschied zu Laubwäldern aus Buchen und Eichen stocken Edel-Laubwälder in luftfeuchten Lagen an Bächen und Flüssen, in kühleren Senken, in Schluchten und Klammen. Sie sind also vorwiegend linear ausgeprägt, halt wie die sogenannten Galeriewälder. Trumpf sind hier Ahorn-Arten, Schwarz-Erle, Gewöhnliche Esche, Ulmen, eingestreut auch weitere Laubbaumarten, in hohen Lagen kommt die Fichte hinzu. Die Strauchschicht ist zumeist gut ausgeprägt, am Boden findet sich eine arten- und vor allem farnreiche Krautschicht. Alle an diesem Biotop Beteiligten sind anspruchsvoll, etwas sensibel, stets brauchen sie ausreichend Wasser und Nährstoffe, müssen sich vor Austrocknung und Frost schützen. Zwar ist die Bodenauflage oft recht dünn und das Gelände richtig steinig, aber irgendwo sickert, sprudelt oder tröpfelt es dann doch immer. Richtig trocken wird es hier nie, das bezeugen auch schon die vielen Moose und Flechten an den Bäumen oder auf dem Untergrund. Die forstliche Nutzleistung ist eher gering, da die entsprechenden Biotope oft nur schwer zu erreichen sind. Deshalb lässt man diese Areale größenteils schon seit jeher in Ruhe. Heute umso mehr, weil sie eine erhebliche Erholungs- und Schutzfunktion haben, also dann doch noch beträchtlichen Nutzen aufweisen.

BERG-AHORN

Acer pseudoplatanus
Familie der Ahorngewächse
(Aceraceae)

Eine Hauptbaumart stellt hier der Berg-Ahorn *(Acer pseudoplatanus),* der ursprünglich tatsächlich nur im Bergland florierte. Da man ihn jedoch extrem häufig pflanzte, kann heute niemand mehr die ursprünglichen von den künstlichen Vorkommen trennen. Das stört den robusten Berg-Ahorn nicht im

Der Berg-Ahorn ist ein mächtiger Geselle: Er kann 40 Meter hoch und bis zu 500 Jahre alt werden.

Geringsten, munter schüttet er gerade in den letzten 20 Jahren seine Sämlinge über das ganze Land aus. Mühsam muss heute jeder Gartenbesitzer im April und Mai die vielen Keimlinge zupfen, noch in den 1980er Jahren war das völlig unnötig, weil nicht vorhanden. Der »ewige Herbst« macht es möglich, einst harte Fröste verdarben den geflügelten Ahornsamen ihren Brei.

Weil diese strengen Frostnächte fehlen, schaffen es die Keimlinge sogar überall. Selbst aus einer Pflasterritze oder aus einem Lichtschacht mitten in der Großstadt wachsen sie. Denn auch im Urbanen wird es immer schattiger, die Häuser werden höher, die Bauten enger gestellt, die Bäume älter. Das kennt der Berg-Ahorn doch so oder so ähnlich von seinen angestammten Plätzen im regenreicheren Bergland.

Ahornlaub verrottet schnell, es gibt rasch Nachschub an Nährstoffen; ein reges Bodenleben ist die Folge. Der Berg-Ahorn besitzt hartes Holz, die Borke alter Bäume ist schuppig und rissig, häufig pflanzen sich farblich auffallende Flechten und Moose auf ihr. Er blüht im Mai in hängenden Trauben kurz nach dem Blattaustrieb. Der wärmeliebendere Spitz-Ahorn blüht mit grün-gelben »Tennisballen« bereits ab Anfang April an fast noch blattlosen Bäumen und fällt damit viel eher auf. Ein Berg-Ahorn kann bis 500 Jahre alt werden und erreicht im freien Stand eine Höhe von 40 Meter. Der Baum ist eine Bienenweide, ein Tiefwurzler und damit ein guter Bodenbefestiger. Deshalb wird er weiterhin häufig ausgebracht – diese bretthartе Art können wir daher unmöglich auf der Arche verschmerzen ...

EUROPÄISCHE HASELWURZ

Asarum europaeum
Familie der Pfeifenwindengewächse
(Aristolochiaceae)

Zugegeben, für die folgende Art habe ich ein Faible – nicht ohne Grund: Die Europäische Haselwurz *(Asarum europaeum)* bekam ich erstmals zu Gesicht, da war ich fast dreißig. Im Westerwald war das, da war ich noch Student. Denn im mich prägenden Teutoburger Wald fehlt diese montane Pflanze ganz, erst weiter östlich und südlich setzt sie ein. Sie ist ein Bodenbesetzer, brillant finde ich die nierenförmigen, wintergrünen, oberseits stets glänzenden Blätter, die allesamt aus einer Basis dicht über dem Boden entspringen. Immer zwei zusammen, ein Blatt zehn Zentimeter breit und sechs Zentimeter lang, herzförmig an ziemlich kurzen Stielen. Ein Unikum, fürwahr. Dieses gewisse Etwas toppen noch die rotbraunen, röhrenartigen, um einen Zentimeter langen Blüten, die bereits ab März erscheinen. Die fallen gar nicht richtig auf, fast liegen sie nämlich auf dem Boden. Man muss die grazilen Blätter erst auseinanderstreichen, um sie gut zu sehen. Die untere Blütenhälfte ist weiß-grünlich verfärbt, da gehen nur Fliegen ran, und Ameisen verteilen die Samen.

Die Europäische Haselwurz ist eine hochgiftige Angelegenheit auf kalkreichem, gerne auch steinigem Untergrund. Ein Schattenliebhaber vor dem Herrn, wir sagen dazu »absolut nemophil«. Das ganze Jahr über erkennt man dieses Pfeifenwindengewächs *(Aristolochiaceae)* an seinen zahlreichen Blättern, die tuffartig gebündelt in kleinen, kaum zehn Zentimeter hohen Kreisen oder Amöben den Waldboden zieren. Die ganze Pflanze soll nach Pfeffer schmecken, ich selbst habe dieses Experiment aber bisher

Die Europäische Haselwurz hat glänzende, ledrige Blätter, die auch im Winter grün bleiben und einen würzigen Pfeffergeruch verströmen.

noch nie durchgeführt! Erstaunlich ist, dass diese ausgesprochene Waldpflanze häufig fehlt. Wo sie dann aber vorkommt, meint sie es gut und erscheint überaus zahlreich. Also, diese Pflanze ist mit einem persönlichen Anliegen verbunden. Ich könnte verstehen, wenn Sie der Meinung sind, diese Giftigkeit müsste nicht mit an Bord.

GIERSCH

Aegopodium podagraria
Familie der Doldenblütler
(Apiaceae)

Eine impulsive bis vehemente, für mich jedoch nur charmante Pflanze ist der Giersch *(Aegopodium podagraria).* Auch hier höre ich

Aufschreie, sehr laute sogar: »Der Giersch auf der Arche, um Gottes willen!« Den Giersch kennt jeder Gartenbesitzer, vergessen können ihn die wenigsten. Welche Pflanze kann das von sich aus behaupten? Man will ihn aus der eigenen Erde weghaben, was ich aber überhaupt nicht verstehe. Bei mir hat der Giersch eine Daseinsberechtigung, und zwar eine ziemlich große sogar. Würde man für fünf Euro in der Gärtnerei so einen klasse Bodendecker kaufen können, würde man ihn feiern, würde ihn dafür loben, dass er sein Geld wert ist, liefert er doch so eine tolle Leistung ab. Aber es ist wirklich so: Mit ihm als Bodendecker ist man bestens bedient. Und damit er einem nicht über den Kopf wächst, kann man mit etwas Geduld und Spucke ganz gut Herr über ihn werden. Als Flachwurzler mit biegsamen schneeweißen Rhizomen und absoluter Unlust auf Mähen und Tritt kann man ihn, Quadratdezimeter für Quadratdezimeter, aus den Angeln heben. Zwar nie ganz, aber zu 99 Prozent. Und hat man das an einem oder zwei Wochenenden akribisch gemacht, reichen danach jeden Monat fünf Minuten der einmaligen und dann genussvollen Nachsuche. Zipp-zapp, und ab ist dann der gegebenenfalls wieder nachtreibende Naseweiß. Das macht richtig Spaß.

Und was kann dieser bis 90 Zentimeter hohe Giersch eigentlich für sein pures Dasein? Wir Menschen hofierten ihn an Bächen und auf nie ganz trockene Böden, ließen den Doldenblütler dort vegetieren, weil wir bevorzugt in diesen Lagen unsere Dörfer und Städte anlegten. Das hat er gnadenlos ausgenutzt, er ist also ein geradezu beispielloser Kulturfolger, der sich perfekt eingepasst hat. Und lecker ist er auch noch – als vitaminreiche Salatzugabe, Würzpflanze oder als Spinatersatz, besonders im Frühjahr, bevor er blüht. *Aegopodium podagraria* bedeutet wortwörtlich übersetzt »Ziegenfüßchen-Zehenmissbildung«, also fast doppelt gemoppelt. Podagra ist eine Krankheit, eine Gicht des Fußes, eine Verkrümmung besonders der großen Zehe. Früher wurden Gierschblätter zerquetscht und auf die Haut aufgelegt, sie halfen gegen Gicht, Rheuma und Insektenstiche. Kurzum: Zwischen März und Oktober (ja, auch da können Sie junge Blätter noch verwerten) ist er ein ganz erfreuliches Wesen, man muss den Giersch einfach nur zu schätzen wissen. Und das tun jetzt glücklicherweise auch immer mehr Menschen.

Der Giersch ist sowohl ein hervorragender Bodendecker als auch ein vitaminreiches Wildgemüse und eine vielseitige Heilpflanze.

DER MONTANE FICHTENWALD

GEWÖHNLICHE FICHTE UND WALD-SAUERKLEE

Raus in die Natur

Der montane Nadelwald ist sofort zu erkennen, er ist viel eintöniger als der aus Laubbaumarten, fast gar kein Vergleich. Ein düsterer, »ungrüner« Eindruck, meist ohne Sträucher, hier gibt es oft mehr Flechten und Moose als höhere Pflanzen. Vor allem die Bestände in den Monokulturen kranken am Borkenkäfer, der durch heute ungenügende Fröste und zu unregelmäßig fallende Niederschläge noch über Gebühr gefördert wird. Ich ärgere mich sehr darüber, wenn alte und daher meist besonders kranke Fichten geschlagen werden und dann immer noch mit Fichte nachgepflanzt wird. Wie verrückt ist das denn? Wie oft will man denn noch die alten Fehler wiederholen?

Eigentlich dürfte ich die Fichte hier gar nicht für mein Arche-Ensemble in Betracht ziehen, aber sie ist eine unglaublich wichtige Hauptbaumart in höheren, regen- und schneereichen Lagen. Bei unserer Rettungsaktion geht es ja nicht nur nach Schönheit und Sympathie. Und manchmal findet man in lichteren Fichtenwäldern doch noch florale Überraschungen, Bärlappe etwa, seltene Farne und Gräser, vor allem in steinigem Gelände mit angrenzenden Bächen und Quellen. So im Erzgebirge, im Bayerischen Wald, im Schwarzwald (hier in Gemeinschaft mit der Weiß-Tanne) und natürlich in den Alpen. Fast nur hier machen Fichtenwälder noch einen vitalen Eindruck, das unterstreicht an Ort und Stelle auch oft ein üppiger Fichten-Jungwuchs.

Ganz anders sieht es im »normalen« Bergland bis 700 Meter aus. Oft kläglich, einem verantwortungsvollen Förster unwürdig. Ja, wir brauchen eindeutig mehr Försterinnen, denn so kann es nicht weitergehen – sie könnten einen anderen Blick auf Nadelwälder haben. Sie könnten endlich auf die Natur hören, auf Ökologen, sich endlich wieder auf unsere heimischen Baumarten besinnen und nicht unbedingt auf die aus Nordamerika stammende Douglasie. Und sich endlich wieder auf unsere ureigentlichen Landschaften beziehen.

Die Gewöhnliche Fichte gehört mit bis zu 60 Meter Wuchshöhe zu den höchsten Bäumen Europas.

GEWÖHNLICHE FICHTE

Picea abies
Familie der Kieferngewächse
(Pinaceae)

Richtig, die Gewöhnliche Fichte *(Picea abies)* ist ein vergleichsweise schnell wachsender Baum. In dichtem Stand geht es kerzengerade hinauf, und die Fichte ist ja so herrlich einfach zu ernten. Zack, zack, zappzarapp, und ab ist das Geäst. Und dann kann man es auch noch so schön unkompliziert lagern. Aber das kann in heutigen Zeiten kein Kriterium mehr sein, so leid mir das tut. Heute zählen vielmehr die »weichen Kriterien«. Die

sind mit Geld nicht zu bezahlen, nicht aufzuwiegen. Zu den weichen Kriterien zählen Erholungs- und Schutzfunktionen des Waldes, aller heimischen Baumarten und ihrer Lebensgemeinschaften. Wobei der Tourismus heute und schon seit langem ein ernst zu nehmender Einnahmefaktor geworden ist. Wer wandert nicht gerne, wer bewegt sich nicht gerne in artenreicher Umgebung, möglichst nahe am eigenen Wohnort? Wir brauchen dringend ein anderes Wertesystem, nicht mehr orientiert am Monetären. Wobei: Die Schäden für falsche Entscheidungen gehen gerade »in der Forst« rasch in die Zigmillionen.

Die schlanke Fichte, auch Rot-Fichte genannt, wird bis 60 Meter hoch, erreicht ein

Alter von 400 Jahren und zieht sich in den Alpen bis auf 2 200 Meter hinauf. Ein Flachwurzler, ein Pionier im Hochgebirge, aber ebenso ein Bodenschädiger durch seine schwer verrottbare und sich daher akkumulierende Nadelstreu.

»Fichte, Förster, fürchterlich« – diesen Satz in einer meiner ersten Vorlesungen anlässlich meines Landespflege-Studiums in Hannover vergesse ich nie mehr. Und 1986, bei einer Pause im nahen Deister anlässlich einer forstlichen Exkursion, krabbelte ein Borkenkäfer auf dem Oberschenkel vom Professor direkt neben mir. Mir entfuhr daraufhin spontan: »Wir wussten gar nicht, dass Sie schon ein Holzbein haben.« Alle lachten, selbst der (noch junge!) Professor.

WALD-SAUERKLEE

Oxalis acetosella
Familie der Sauerkleegewächse
(Oxalidaceae)

Der so gesellige, forsche, durchaus auch mal bärbeißige Wald-Sauerklee *(Oxalis acetosella)* muss hier einfach mitspielen. Nicht wegen seiner Inhaltsstoffe, dem nierensteinfördernden Oxalat. Nein, der tollen Blüten wegen, die bereits im zeitigen April vieltausendfach den sauer-sandigen bis lehmigen Waldboden zieren. Und dies vor allem im Verbund mit Fichten, selbst in Höhen von fast 2 000 Metern. Der Wald-Sauerklee wird bis 15 Zentimeter hoch und wurzelt ebenso tief ein. Eine wunderbare Erfindung mit vielen purpurrosa Streifen im Inneren der Blüten. Aber auch dieses helle Grün ist der Wahnsinn, da kommen so früh im Jahr nur noch der Scheiden-Gelbstern und als Baum die Rot-Buche mit.

Der Wald-Sauerklee ist ein Moderhumus- und Säurezeiger, ein besonderer Durchwurzelungs- und ein ausgesprochener Schattenfreund. Keine heimische Pflanze begnügt sich mit so wenig Tageslicht wie er.

Der Wald-Sauerklee ist essbar, in Maßen genossen ist er ein Vitaminspender, der mir anlässlich langer Ausflüge schon manch verloren geglaubten Speichel zurückgab. Nachts und im trüben Tageslicht klappt er seine drei Teilblätter zusammen, dann ist eh kein Licht mehr zu holen. Eben schlau diese Pflanzen, wie die ihre Kräfte sparen. Die Samen sind in kleinen Kapseln angelegt, die durch Regen, Wind und Tierberührung herausgeschleudert werden.

Obwohl der Wald-Sauerklee ein »Schattendasein« führt, kann er dennoch mit solch hübschen Blüten aufwarten.

DER MONTANE KIE-FERNTROCKENWALD

HEIDERÖSCHEN UND WARZEN-WOLFSMILCH

Raus in die Natur

Der Kieferntrockenwald im (höheren) Bergland ist in Deutschland nur ein kleinflächig ausgebildeter Waldtyp auf meist steinigen und dementsprechend flachgründigen, aber wärmebegünstigten Standorten. Gelegen ist dieses Biotop in oder an steilen Höhenzügen, innerhalb vergleichsweise trockener Täler oder am oberen Rand der großen Flusstäler der Mittelgebirge. Meist herrscht hier Nährstoffarmut, weiterhin kann es von Basenarmut bis Basenreichtum, gleichzeitig auch von kalkarm bis kalkreich gehen. Der Kieferntrockenwald ist ein lichter, oft moos- und flechtenreicher Wald, forstwirtschaftlich daher eher bedeutungslos. Hier findet sich eine besonders verschworene Gemeinschaft, allesamt echte Hunger- und Lebenskünstler. Blutroter Hartriegel, Elsbeere, Felsen-Zwergmispel, Gewöhnliche Berberitze, Haselnuss, Rosen-Arten und der Heide-Wacholder finden sich in der Strauchschicht. Am Boden entdeckt man Anlieger der Magerrasen wie Breitblättriges Laserkraut, Buchsförmiges

Kreuzblümchen, Echten Gamander und Mittleren Klee, Rotbraune Stendelwurz sowie Wilden Dost. In den Alpen treten noch Alpen-Lein, Berg-Kronwicke, Berg-Laserkraut, Herzblättrige Kugelblume, Kalk-Blaugras, Salomonsiegel, Schneeheide und Weidenblättriges Ochsenauge hinzu.

Es ist eine besonders artenreiche, ganz gediegene Pflanzengemeinschaft unter dem lichten Schirm der Kiefern, prioritär schutzwürdig und darum hier mit dabei.

HEIDERÖSCHEN

Daphne cneorum
Familie der Seidelbastgewächse
(*Thymelaeaceae*)

In solchen oft als Naturschutzgebiet erhalten gebliebenen, meist von Gräsern dominierten Restwäldern geben ausgesprochene Spezialisten den Ton an. Da entspringt dann das

Heideröschen *(Daphne cneorum),* auch Rosmarin-Seidelbast genannt. Ein zehn bis 30 Zentimeter wintergrüner, verholzter Zwerg, der eigentlich nur zur Blütezeit im Mai Aufsehen von sich macht. Dann aber so richtig. In kleineren bis größeren Flatschen bis ein Meter Breite in ansonsten noch verdorrt-brauner Vegetation leuchtet das Heideröschen einem den Weg. Ich kann gar nicht abwarten, endlich aus dem Auto zu springen, wenn ich es sehe.

Viele kaum ein Zentimeter breite, vierblättrige, hell- bis dunkelrote Blüten sind in doldenartigen Blütenständen vereint, diese nicht minder zahlreich. Rosenrote Teppiche also,

vor Ort oft gehegt und gepflegt, denn Luft und Liebe sind unabdingbare Voraussetzung für diesen konkurrenzschwachen und in Deutschland stark gefährdeten Mini-Strauch. Vorher und nachher fällt das Heideröschen überhaupt nicht auf, es sei denn, man steht direkt davor (oder darauf). Das allerdings ficht diese Pflanze überhaupt nicht an. Am liebsten mag sie gelegentlichen Tritt durch Schafe und Ziegen, die ihr auch die übrigen verholzten Biester vom Leibe halten. Denn nehmen diese ebenso wie Gräser und selbst Moose über Gebühr zu, dann muss diese *Daphne*-Art rasch die Löffel abgeben. Das Tollste ist aber ihr Duft. Grande Finesse,

Eine gefährliche Schönheit, das Heideröschen. Es ist in allen Pflanzenteilen hochgiftig.

einfach betörend und lieblich, da werden selbst Acker-Kratzdistel, Flieder, Großer Odermennig, Mädesüß und Rosen neidisch. Aber aufgepasst, das Heideröschen ist eine durch und durch giftige Pflanze, eine unserer tödlichsten Inszenierungen überhaupt. Sie gibt es im Grunde nur südlich der Donau, in der Schwäbischen Alb noch, aber weiter nach Norden hat es dieses geschützte, krabbelige Gewächs nie gepackt.

Die Blütezeit der Warzen-Wolfsmilch erstreckt sich über den Mai und den Juni. Die Pflanze wird auch als Mittel gegen Warzen eingesetzt.

WARZEN-WOLFSMILCH

Euphorbia verrucosa
Familie der Wolfsmilchgewächse
(Euphorbiaceae)

Sehr viel häufiger dagegen, aber auch nur in der Südhälfte Deutschlands, kommt die Warzen-Wolfsmilch *(Euphorbia verrucosa)* vor. Sie besticht schon von weitem durch reichlich Farbe, in einem wolfsmilchtypisch knalligen Goldgelb. Eine signifikante Goldkante, schon fast verschwenderisch. Bei Exkursionen verspreche ich mich öfter bei dieser 20 bis 50 Zentimeter hohen, je nach Höhenlage noch im Juli blühenden Pflanze: »Walzen-Wolfsmilch« sage ich dann. Was letztlich irgendwie besser passt, denn wie gelbe Mini-Leuchttürme sind fünf bis manchmal auch 50 Walzen zu einem kompakten Tuff gebündelt. Viele von diesen goldgelben Kreisen geben noch jedem Trockenwald, aber ebenso Böschungen, Hangwiesen, Straßenrändern und Trockenrasen einen einmaligen Glanz. Wer »wolfsmilchsicher« ist, kann diese Pflanze selbst vom fahrenden Auto aus mit keiner anderen verwechseln. Die Pflanze ist ein Kalk- und Lehmzeiger, ein Tiefwurzler, ein Trockenfetischist, den kein Weidetier befrisst. Sie ist einfach da, an früheren Triften (Viehpfaden), eine Schönheit, die sich flach ausgebreitet präsentiert. Diese Wolfsmilch ist ein Muss auf der Arche, allein schon wegen der althergebrachten Nutzung als Mittel gegen Altersflecken und Warzen. Jedoch bitte nur wohldosiert verwenden und nicht zu lange – nicht dass da noch irgendwo irgendwelche Löcher am Körper entstehen ... Auch die überaus attraktiven Arten Esels-Wolfsmilch, Mandelblättrige Wolfsmilch, Steppen-Wolfsmilch, Sumpf-Wolfsmilch, Zypressen-Wolfsmilch oder die aus Äckern und Gärten her bekannten annuellen Arten Sonnenwend-Wolfsmilch und Kleine Wolfsmilch hätte es hier genauso gut treffen können, ja, eigentlich müssen. Das reicht ja schon wieder für ein Beiboot ...

DIE SCHLAGFLUR

SCHMALBLÄTTRIGES WEIDENRÖSCHEN UND BUNTER HOHLZAHN

Raus in die Natur

Manchmal trifft einen regelrecht der Schlag, wenn man auf Waldspaziergängen unverhofft auf eine Schlagflur trifft. Plötzlich und mit einem Schlag wurde dort komplett der Wald oder – besser – oft der öde Forst eingeschlagen, sozusagen in einem Hieb.

Bei Fichten oder Kiefern stört mich das nicht gerade, erst wenn ich sehe, dass erneut mit Fichten oder Kiefern aufgeforstet wurde. Ökologische Waldbewirtschaftung sieht anders aus. Aber darüber habe ich mich ja schon ausgelassen ...

Eine Schlagflur ist also eine zumeist temporäre Erscheinung, bis absichtlich oder alleine erneut Bäume von solchen oft kleinflächigen Arealen Besitz ergreifen. Bis dahin erscheint aufgrund der nun kurzzeitig günstigen Licht-, Nährstoff- und Wasserverhältnissen nur eine Handvoll typischer Pflanzen: diverse Brombeer-Arten, Himbeere, Gewöhnliche Waldrebe, Stechender Hohlzahn, Zweispaltiger Hohlzahn, Wald-Greiskraut, Schwarzer und Trauben-Holunder, Wolliges und Weiches Honiggras. Sie kommen mit der abrupten Insolation klar, das schützende Dach der Bäume fehlt und lässt jetzt den ganzen Niederschlag auf den Boden. Das Holz wird schnell zersetzt, ein erhöhtes Nährstoffangebot ist daher die Folge. Da heißt es schnell zu handeln.

Arten mit hohem Samenaufkommen wie die Hohlzahn-Arten oder mit Samen, die von weit her angeflogen kommen (so bei den Weidenröschen), sind im Vorteil. Wirklich beste Freunde sind hier hangelnde oder schlingende Pflanzen wie Kletten-Labkraut oder Hecken-Windenknöterich.

Hier streift man auch nur ungerne durch, nicht nur wegen umgestürzter Bäume, die oft überwachsen und daher kaum zu sehen sind. Daher ist es eine kaum beachtete Welt, aber gerade deshalb bin im Hochsommer gerne mitten unter ihr ...

Und die hier zuerst vorgestellte Pflanze, das Schmalblättrige Weidenröschen, kreucht und fleucht, blüht und blüht, immer auch gerade zu meinem Geburtstag Anfang Juli.

Eine einzige Pflanze des Schmalblättrige-Windröschens produziert Hunderttausende von Samen.

SCHMALBLÄTTRIGES WEIDENRÖSCHEN

Epilobium angustifolium
Familie der Nachtkerzengewächse
(Onagraceae)

Die sacke ich ein, die muss unbedingt mit: das hier fast schon obszessive Schmalblättrige Weidenröschen *(Epilobium angustifolium)*. Mit bis zwei Meter Höhe ist es ein steiler Zahn. Zur Blütezeit ab Mitte Juni, im höhe-

ren Gebirge bis in den Herbst hinein, wartet es mit ansehnlichen Fruchtständen auf, wenn dann weiße Haarschöpfe aus langen Kapseln aufquellen. Das Feuerkraut, wie es ebenfalls genannt wird, war nach dem Zweiten Weltkrieg in jeder deutschen Stadt eine Kennart der ausgedehnten Trümmerflächen.
Das Schmalblättrige Weidenröschen mit seinen tatsächlich schmalen Blättern kann man vor allem in Gebirgen mit saurem Gestein, aber auch in den anmoorig-sandigen Landschaften Norddeutschlands ganz bequem vom fahrenden Zug aus bestimmen.

Keine Pflanze ist im Hochsommer so auffällig wie diese, zumal sie durch lebensfrohe Rhizome oft in großen Mengen aufkreuzt. Sie macht sich breit an Gräben, Straßen- und Wegrändern, an oberen Kanten von Bächen und Flüssen, auf Bahn- und Brachgeländen in Siedlungen. Eine einzige Pflanze produziert Hunderttausende von Samen, die sehr weit fliegen können und somit diese Art absichern. Essbar sind die jungen Sprosse, die wie Spargel zubereitet werden, sowie die jungen Blätter im Salat. Zubereitet als Tee sollen die Blätter gegen Prostatabeschwerden helfen – demnächst sogar ein Fall für mich? Dieses häufige Nachtkerzen-Gewächs (*Onagraceae*) muss also ohne Zweifel mit!

BUNTER HOHLZAHN

Galeopsis speciosa
Familie der Lippenblütler
(*Lamiaceae*)

Als eine der hübschesten Pflanzen seiner Zunft stellt sich der Bunte Hohlzahn (*Galeopsis speciosa*) dar. Das Lateinische *speciosa* bedeutet »schön« oder »ansehnlich«, eine bodenlose Untertreibung. Ich finde diese Art zum Flirten, glorios, grandios, prächtig, umwerfend! »Schön« – was für eine Simplifizierung, ja, Stigmatisierung! Zwar wird diese einjährige Pflanze nur bis zu einem Meter hoch, das macht sie aber durch eine enorme Verzweigung wieder wett. Selbst nur eine Pflanze brilliert daher zur Blütezeit von Ende Mai bis Anfang November in Weiß, Hellgelb, Goldgelb und mit dunkelvioletter Unterlippe. Die Kronröhre wird über zwei Zentimeter lang und ist oberseits borstig, abstehend und behaart. Von Nahem ist der Bunte Holzahn ein echtes Naturschauspiel, da nicht selten fünf bis zehn Blüten an einem Blütenstand gleichzeitig posieren, sich postieren. Obwohl

Der Bunte Hohlzahn macht seinem Namen alle Ehre. Wie schön, dass dieser farbenfrohe Lippenblütler noch nicht allzu selten ist.

dieser modisch bewusste Lippenblütler in Deutschland nicht selten ist – neben Schlägen werden auch Äcker, Feuchtbrachen, Bach-, Graben-, Straßen- und Wegränder sowie lichte Wälder und sogar quellfeuchtes Grünland besiedelt –, kann man wochenlang vergeblich nach ihm Ausschau halten. Jedoch nicht in den Alpen und Voralpen, wo mich dieser Augenstecher mit seinen vierkantigen und behaarten Stängeln im Juli 2019 geradezu beglückte, ja regelrecht überfuhr: weil so häufig! Vor allem wenn die vier Samen einer sogenannten Klausenfrucht durch vorbeistreifende Menschen und Tiere, aber ebenso durch starken Wind herausgefallen sind, zeigt sich der verbliebene Kelch als hohler Zahn. Am Ende oft richtig stechend, also eine fürwahr passende Bezeichnung.

GEBÜSCHE UND HECKEN

GEWÖHNLICHE WALDREBE, EFEU UND HUNDS-ROSE

Raus in die Natur

Es wird auch zukünftig immer mal etwas vertikal zu begrünen sein, und sei es nur, um hässliche Fassaden zu übertünchen, unschöne Mauern und Zäune zu kaschieren oder zur gezielten Luftbefeuchtung in Städten und Ortschaften. Da bin ich mir absolut sicher, da sehr ökologisch. Viele Kletterer sind Oasen für Bienen und Kleinkrabbler, das sollte man nie vergessen. Sie selbst könnten auch an eine vertikale Bepflanzung denken, und wenn es der Baumstamm vor Ihrer Haustür ist, an dem sonst nur Hunde herumschnüffeln oder gar ihr Bein heben.

Zu den plantaren Kletteraffen zählen etwa Acker- und Zaun-Winde, Hopfen und Windenknöteriche, ein paar Platterbsen (etwa die prächtige Knollige Platterbse) und Wicken (die Schmalblättrige Wicke!), aber ich möchte hier dann doch lieber drei ausgewiesenen Dränglern und Stalkern den Vortritt lassen. Auf die ist wenigstens Verlass, sie sind ausdauernd, lüstern-robust, nicht gerade zimperlich, was ihre Standortbedingungen

angeht, und teils sogar richtig invasiv. Das geht von beharrlich über hinterfotzig bis chaotisch. Das kann man sicher gut gebrauchen in einer Welt noch ohne Pflanzen, es sind ausgesprochene Pioniere der schnellwüchsigen Art. Sie machen kein langes Federlesen, viel eher kurzen Prozess mit ihrer Umgebung, und sind teilweise noch stark im Schatten. Auch wäre eine Landschaft aus nur steil aufragenden Hallenwäldern und gleich daneben tischebenen Äckern wenig verheißungsvoll.

Die Sträucher und Gebüsche, zumal schon zur Blütezeit im April schneeweiß glänzend wie die Schlehe oder dekorativ im Herbst knallrot fruchtend wie etwa alle unsere Rosen-Arten – gerne würde ich mehr von ihnen auf die Reise ins Unbekannte mitnehmen. So etwa den Blutroten Hartriegel oder wenigstens eine unserer 400 Brombeer-Arten. Eigentlich ist es ein Unding, das nicht tun zu können, denn sie sind nicht minder wichtig als Mundschenk für Insekten, Vögel und uns Menschen, zudem als tolle Verstecke zur Brutzeit und in höchster Not auch für mich selbst! Ebenso möchte ich Sie an die famosen Gagelgebüsche unserer nassen, norddeutschen Nieder- und Hochmoore erinnern, wenn diese beispielsweise als sogenannte Windblüher bereits im April in einem zarten, orange-rötlichen Glanz blühen. Oder an die ausgedehnten Grau- und Ohrweiden-Gebüsche zwischen den monotonen Schilf-Röhrichten am Rand ausgedehnter Stromauen und größeren Seen. Oder, oder ... Alle Lianen und Sträucher sind draußen wichtig als Hauptbestandteil einer Landschaft oder als Bindeglied von einer zur nächsten oder übernächsten Lokalität.

GEWÖHNLICHE WALDREBE

Clematis vitalba
Familie der Hahnenfußgewächse
(Ranunculaceae)

Hoch ist da die sommergrüne Gewöhnliche Waldrebe *(Clematis vitalba)* zu preisen, die es inzwischen sogar versteht, auf norddeutschen Bahnhöfen, in Hafenrevieren, in älteren Industrie- und Wohngebieten Fuß zu fassen. Eigentlich eine Liane (ja, richtig, in den tropischen Regenwald müssen wir gar nicht!) der Mittelgebirge, ist sie in Berlin, Bremen, Hamburg, Kiel und Münster fast nirgends mehr zu übersehen.

Auf bis zehn Meter Höhe bringt es diese selbst an ganz widrigen Stellen in Innenstädten tapfere, drei- bis siebenteilblättrige Kletterpflanze, die sich mit ihren Blattranken als sogenannter Spreizklimmer an allem festhält, was niet- und nagelfest ist. Ein richtiger Würger, der mit seinen unten am Ende seilartig dicken Sprossen schon von weitem zu erkennen ist. Wie schwere Vorhänge, mit ihren schneeweißen, haarigen Fruchthärchen. Bis 25 an der Zahl, wie kleine Struwwelpeter, ein

wedelnder Federschweifflieger, passt also zu mir. Für den wackeren Forstmann ist die Gewöhnliche Waldrebe aber ein Ärgernis, beschattet und belastet dieses leicht giftige Hahnenfußgewächs doch vor allem ganze Waldränder und Waldbereiche, besonders längs von Äckern, Bahnen, Kalksteinbrüchen und Ziegeleien. Sie bevorzugt mäßig-feuchten bis frischen Lehm- und Tonboden. Langsam wird sie auch schon lästig in vielen Dörfern und Städten, selbst im eigenen Garten muss man Obacht geben. Entschädigt wird man dann aber von Mitte Juni bis August, vereinzelt noch im September, von einer Vielzahl toll cremeweißer Blüten mit einem Hellgrün, die wie kleine Seeigel aussehen. Honigsüß duften sie, und mit diesem Geruch locken sie allerlei Getier an – Bienen, Fliegen und Käfer. Immer mit vier, manchmal auch fünf bis 1,5 Zentimeter langen und um fünf Millimeter breiten, rückwärtsgebogenen Blütenblättern. Diese sind überaus dekorativ und werden weit überragt von Staubgefäßen. Die Gewöhnliche Waldrebe ist ein fleißiger Sommerblüher mit eminent großem Wirkungskreis.

EFEU

Hedera helix
Familie der Araliengewächse
(Araliaceae)

Da zieht der so zähe Efeu *(Hedera helix)* gleich mal nach. Auch er fackelt nicht lange. Mein Verhältnis zu ihm ist aber seit langem, zwiegespalten, an ihm scheiden sich sowieso die Geister. Hege ich für ihn eine Art Hassliebe? Immerhin ist das besser als Liebeshass. Zuerst zu seinen Qualitäten: Er macht dicht, so richtig dicht. Auf mäßig und nicht zu feuchten Waldböden genauso wie in Siedlungen. Er nimmt es randlich vom Bahnschotter

Vor allem ältere Pflanzen der Gewöhnliche Waldrebe bilden regelrechte Lianen aus.

Der Efeu überzieht alles, was ihm in die Quere kommt, mit einem grünen Teppich.

auf, überzieht gnadenlos Böschungen, auch Mauern, wofür ihn viele feiern. Klar, ein Architektentrost, aber er legt sich mit meinen geliebten Kirch- und Friedhofsmauern an. Dann wird der Efeu für mich zum Stinkstiefel. Verleibt er sich jene ein, komme ich dann mit Säge und Rosenschere vorbei, gelegentlich auch nur mit puren Fingernägeln. Und ab ist der Bart. Dann kann ich mich stundenlang so richtig in meinen Teilzeitjob verbeißen, nämlich den geprüften Farnhelfer zu spielen. Letztes Jahr legte ich mich sogar mit einem Pastor und Küster aus dem Kreis Cloppenburg an. Statt für Leben zu sein, machten die sich zum Anwalt des Todes, des Farntodes. Da kenne ich nun keinen Spaß. Eichenfarn, Mauerraute, Braunstieliger Streifenfarn und vor allem schon der erwähnte Milzfarn stehen mir näher als Gott. Sehen Sie sich doch nur mal diese oft armseligen, weil überordentlichen und deshalb künstlich lebensfeindlichen Fried- und Kirchhöfe an. Klar, der Efeu kann nichts dazu, mit seiner Berankung trägt er zum ausgleichenden Siedlungsklima bei, ernährt mit seiner Frühherbstblüte Schmetterlinge (meinen bejubelten Admiral!), Fliegen, Wespen und sogar Hornissen, erlaubt Tauben über den Winter zu kommen und bietet noch sattes Grün in demselbigen.

derwertig im Vergleich zu den Kulturrosen). Werden Sie draußen nach dieser Wildrose gefragt, sagen Sie dann aber immer »Hunds-Rose«. Denn alle anderen sind deutlich seltener als diese. Ohne Blüten und Hagebutten eigentlich ein Ekelpaket, eine Widersacherin, total anhänglich, energisch, herausfordernd, gerade auch als spontaner Strauch auf unseren doch sonst so gehegten und gepflegten Biotopen. Diese unverwüstliche Hunds-Rose ist permanent in der Trotzphase! Aber dann erscheinen doch diese offenen, klaren, »anständigen«, einfachen Blüten – darauf stehen die Bienen, ich selbst

Das sind die Früchte, die Hagebutten, der nahezu unverwüstlichen Hunds-Rose.

HUNDS-ROSE

Rosa canina
Familie der Rosengewächse
(Rosaceae)

Überhaupt nicht auf den Hund gekommen ist man bei der nächsten Kandidatin, der bestechenden Hunds-Rose *(Rosa canina)*. Sie ist nur hundsgemein verbreitet, da ist sonst nichts mit Hunden, trotz ihres Namens (lat. *caninus* = hunds-, auch im Sinne von min-

und viele andere. Rosen-Arten sind überwiegend anspruchsvoll, diese hier ist prädestiniert auf Kalk, Lehm, Sonne und gelegentliche Störungen, etwa durch Schafe und Ziege. Die fressen wenigstens die jungen Sprosse, und wir nutzen dann vielfältig die Hagebutten. Letztere sind keine Arten, sondern nur die für jede Rose spezifischen Früchte. Noch schlimmer ist es, wenn man mir mit »Sorten« kommt – in der Natur handeln wir immer mit Arten.

DIE TROCKENE BERGWIESE

WIESEN-KÜMMEL, WIESEN-SALBEI UND WOLLKOPF-KRATZDISTEL

Raus in die Natur

Weiter ziehen wir ins südlich gelegene Bergland – und hier ist die trockene Bergwiese. Ebenfalls ein stark gefährdeter Lebensraum, einstmals den schlechtwüchsigen Wäldern abgerungen und heute leider ebenfalls ein Augenmerk für artenarme Grünlandansaaten ohne jeglichen Tierbesatz vor Ort. Als letztes Biotop entstanden und am ehesten wieder aufgegeben, auf sogenannten Grenzertragsböden. Denn nur mäßig nährstoffreich geht es hier zu, oft stark wechselnd bodenbefeuchtet, trocken im Sommer und Herbst, vielfach flachgründig an exponierten Hängen, aber noch nicht richtig steil.

Der Ertrag ist daher naturgemäß niedrig, Gräser wie Flaumhafer, Glatthafer, Goldhafer, Aufrechte Trespe oder Fieder-Zwenke sind hart, selbst wasserarm und verstrohen am Halm recht schnell. Alles nichts für ehrgeizige Landwirte, denen Trockenwiesen daher von jeher ein Dorn im Auge waren. Sie werden richtig sauer vor lauter Sauergräsern, diesen nutzlosen Binsen, Seggen und Simsen.

Nur: Hier tobt das Leben. Falter und Käfer, Bienen und Spinnen sind hier unterwegs, vor allem wärmeliebende Krabbelchen. Und die zählen eben auch, und in Zukunft noch viel mehr. Bei der turbo-gedrillten Landwirtschaft von heute ist das leider immer noch nicht angekommen.

Dabei sind trockene Bergwiesen dringend geboten, vor allem im fließenden Übergang zu trockenen Gebüschen, artenreicheren Wäldern und noch krautreichen Äckern der Umgebung. Und das muss gut gefördert werden, das muss von der Gesellschaft anständig bezahlt werden. Wir alle brauchen nämlich die extensive Landwirtschaft, die Nutzung von Böden, bei denen der Mensch nur wenig(er) eingreift und die jeweiligen Standortfaktoren möglichst belässt. Die natürliche Entwicklung einer Landfläche, sie ist so wichtig wie noch nie zuvor. Das ist eine Ware wie ein Auto, ein Spaten, eine Küche oder ein Pfund Äpfel. Niemand arbeitet gerne umsonst, höchstens dann, wenn es einem sowieso gut geht und es nicht an Zeit

Der Wiesen-Kümmel ist eine bekannte Gewürzpflanze, deren Blätter man auch als Salat essen kann.

mangelt. Und diese so überlebenswichtigen Naturgüter, schon vor 2 000 Jahren von Bauern geformt, zu erhalten und zu sichern, diese Leistungen sind endlich zu vergüten. Milliarden von Euro sollten umgeschichtet werden, sodass Landwirte in Zukunft Geld nur für gute Taten bekommen, alle uns ruinierenden Eingriffe müssen in Zukunft dagegen abschreckend sanktioniert werden. Arbeit, Geld, Ideen und Power sind genug vorhanden, wir müssen diese Faktoren nur zukunftssichernd einsetzen.

Und das alles könnte nun nirgends zielführender passieren als auf ebendiesen noch artenreichen trockeneren Bergwiesen, wo seit jeher unter widrigen Bedingungen gearbeitet werden muss. Es kann ja nicht angehen, dass uns unsere Arten nur deshalb noch erhalten bleiben, weil sie zufällig Glück

hatten im heutigen Zerstörungswahn. Wir brauchen ein ausgeklügeltes Konzept, bei dem gegebenenfalls auch ernsthaft nachjustiert wird (Erfolgskontrollen).

WIESEN-KÜMMEL

Carum carvi
Familie der Doldenblütler
(Apiaceae)

Auserkoren aus dem hier weiten Arten-Pool soll der Wiesen-Kümmel *(Carum carvi)* sein. Ich liebe Kümmel so. Dazu eine Geschichte: Im Mai 2019 sortierte ich am 912 Meter hohen Hohenkarpfen, einem kegelartigen, weil vulkanischen Berg der Schwäbischen

Alb, am frühen Vormittag Fotos mit vielen dieses aparten, bis 50 Zentimeter hohen, zu Blühbeginn oft erst rosafarbenen und später weißen Doldengewächses. Und was passiert in genau diesem Moment? Ich beiße während meines ersten Frühstücks – kleine Dauerwürstchen mit Orangensaft – exakt auf so ein hier eigentlich völlig wurstfremdes Kümmelkorn. Welch ein Zufall!

Ad hoc entschied ich: Dieser hartnäckige und extrem haltbare Kümmel will mit auf die Arche, lädt sich selber ein .... Würzpflanzen werden immer hoch im Kurs stehen, komme, was da wolle, und auch die Blätter lassen sich im Salat einmischen.

Kennzeichnend für diesen stark durch zu viel Düngung und Walzen von Wiesen schwindenden einjährigen Spezialisten sind verhältnismäßig kleine Doppeldolden, gerillte Stängel und extrem feine Blattzipfel. Das allein macht ihn zu einem erklärten Son-

nenanbeter, einem Statthalter auf Lehm- und Tonböden, im Norden noch bis vor kurzem auf alten Nordseedeichen. Die Zeiten sind hier jedoch mehr oder weniger vorbei, fast alle Deiche sind nun erhöht. Und der Kümmel ist auch hier verschwunden. Auf dem weltbekannten Viktualienmarkt in München klagte mir mal ein alter Kräuterspezialist aus dem Allgäu, 2013 war das: »Herr Feder, den Kümmel muss man bei uns inzwischen auch richtig suchen!« Das sagt doch wohl alles: Also selbst im Allgäu, wo es heute tatsächlich Ende Mai kilometerweit nur noch gelbe Löwenzahnwiesen gibt. Die sind dann zwar optisch schön, aber stark aufgedüngt!

WIESEN-SALBEI

Salvia pratensis
Familie der Lippenblütler
(Lamiaceae)

Fällt der Kümmel im Mai bis Juli erst auf, wenn man im Meer vieler weißblütiger Doldengewächse direkt vor ihm steht, genügen vom Wiesen-Salbei *(Salvia pratensis)* schon wenige Pflanzen, um von weitem erkannt zu werden.

Salbei ist eine echte Modepflanze geworden, die aktuell an vielen Stellen angesät wird, selbst an Bahnböschungen, auf Autobahnkreiseln, in Park- und Siedlungsrasen. So pflegeleicht ist er aber nicht, er mag nämlich Kalk, die Sonne, den gelegentlichen Schnitt (blüht dann im Juli und August noch ein zweites Mal), den steinigen, zumindest lehmigen Untergrund. Auf Sand und im Moor scheitert er dagegen kläglich.

Hummeln gehören mit zu den häufigsten Besuchern der zumeist königsblauen Blüten des Wiesen-Salbeis.

Die Wollkopf-Kratzdistel ist von Kopf bis Fuß mit wehrhaften Stacheln besetzt.

WOLLKOPF-KRATZDISTEL

Cirsium eriophorum
Familie der Korbblütler
(Asteraceae)

Völlig aufgeplustert und mächtig aufgetakelt betritt die bis zwei Meter hohe Woll-kopf-Kratzdistel *(Cirsium eriophorum)* ihre Bühne. Ein echter Dickkopf, ein wehrhafter Terrier, auffallend zielstrebig, eine bestechen-de Gestalt, und das können Sie wörtlich nehmen. Sind die bis sieben Zentimeter breiten, spinnwebig-wolligen, dunkelvioletten, oft leicht nickenden Blütenköpfe schon arg stachelig, schießen die bis 50 Zentimeter langen Blätter und stacheligen Stängel den Vogel ab. Und dann diese graugrünen Grundblätter dieser nur zweijährigen Art extensiv genutzter Brachen, Weiden und Wegränder – scharf wie Balkenmäher hauen die rein. Ich kenne bis auf Europäischen Stechginster, Schlehe, Ulmenblättrige Brom-beere und einige Spargel-Arten des Mittel-meerraums keine Diva, die wehrhafter ist als dieser auffallende Korbblütler. Die Woll-kopf-Kratzdistel kennt kein Pardon, Pferde, Schafe und selbst Ziegen lassen sie links liegen. Da kann sie sich ungehindert mau-sern – in der Thüringeti südlich von Gotha in der Ortschaft Crawinkel sah ich mal Millio-nen dieser »Ekelpakete« auf riesigen Weiden. Auf basen- und nährstoffreichen, ziemlich trockenen Lehm- und Tonböden. Gerne in steilen Lagen wie in der Rhön, da schöpft die Distel die gesamte Wärme ab. Nach Osten hin gedeiht sie nur bis Thüringen, in Sachsen ist sie verschollen, und unseren Norden hat sie schon seit jeher gemieden. Ein Hummel- und Faltermagnet, der am Ende aber ein klägliches Ende nimmt und unverhofft sterben muss. Daher sind halboffene, gestör-te, entblößte Grasnarben optimal, dorthin kann sie ihre neuen Blattrosetten platzieren.

Seine behaarten, graugrünen, randlich gewellten Grundblätter liegen dem Boden flach auf, am liebsten in steileren Hanglagen. Dann treiben widerstandsfähige, bis 60 Zentimeter lange Sprosse aus, an denen die am meisten von Hummeln besuchten taub-nesselartigen, fast drei Zentimeter langen und zumeist königsblauen Blüten mit langen Staubgefäßen sitzen. Eine Verführung der besonderen Art auch für jeden zweibeinigen Besucher, zumal wenn er sich dem Salbei mit einer Lupe bewaffnet nähert. Oft erscheint er gesellig, denn ein Wiesen-Salbei kommt selten allein. Er ist ein recht derber Rohbo-denpionier mit stets vierkantigem Stängel, der nur ungerne gefressen wird. Eine Licht-pflanze, wärmeliebend, wurzelt bis zu einen Meter tief und erwirtschaftet für sich auf diese Weise noch genug Wasser.
Eine Art vor allem mit ästhetischer und heilender Berechtigung (wird eingesetzt gegen alle möglichen Entzündungen)!

DER HALBTROCKEN-RASEN

FRAUENSCHUH, PURPUR-KNABENKRAUT UND GEWÖHNLICHE KUHSCHELLE

Raus in die Natur

Wird es nun vor allem nach oben im Gelände und im Übergang zu nur noch steinigen Äckern immer trockener, heißer – also eigentlich immer lebensfeindlicher –, stellen sich besonders in der Mitte, im Osten und Süden Deutschlands sogenannte Halbtrockenrasen ein. Ein besonderer Extremstandort mit einer Vielzahl botanischer Kostbarkeiten, echte Wallfahrtsorte unserer Zunft! Besucht man diese Flächen im März oder April, sind sie meist noch wechselfrisch, jedoch noch nicht wirklich trocken. Der vorherrschend bindige, also lehmige Boden hält hier die Feuchtigkeit noch ein paar Wochen länger, ehe die dann erbarmungslose Hitze mit Beginn der zweiten Frühlingshälfte auf den oft flachgründigen Boden ungehindert einwirken kann. Bis dahin zehren die ausdauernden Pflanzen direkt nach der Vegetationspause noch von den Niederschlägen. Vielen angepassten Gewächsen reicht später dann bereits der morgendliche Tau, um über die Runden zu kommen.

Wichtig ist auch hier, die noch verbliebenen alten Laub- und Nadelbäume (Buchen, Hainbuchen, Fichten, Kiefern, Obstbäume, Gebüsche wie Gewöhnlicher Wacholder, Schlehen oder Rosen-Arten) zu belassen. Mit voller Absicht, und ebendiese gerade nicht zu fällen im irrigen Glauben, diesen Sonnenanbetern damit einen Gefallen zu tun. Das kann ganz schnell nach hinten losgehen, zumal in heutiger Zeit der unkontrollierten Erderwärmung. Das sind extrem begehrte Plätze, denn wenn es über Wochen doch zu heiß und zu trocken werden sollte, schützen diese »alten Kameraden«. Der wandernde Schatten bewirkt hier wahre Wunder. Genauso wie eine extensive Beweidung durch Schafe, Ziegen und junge Rinder (auch Pferde). Denn diese pflegen tatsächlich, verbeißen aufkommende Sträucher, entblößen partiell den Boden, selektieren Arten aus (eben erwähnte Wollkopf-Kratzdistel) und minimieren gleichzeitig Trittschäden. An entblößten Stellen fußen dann auch einjährige, eher schmächtige Pflanzen, darunter

Der selten gewordene Frauenschuh ist wohl eine der attraktivsten Orchideen Deutschlands.

Behaarte Gänsekresse, Doldige Spurre, Felsen-Steppenkresse, Frühlings-Ehrenpreis und einige Hornkraut-Arten. Aber auch die gut geschützten Zwiebelpflanzen aus den Gattungen Gelbstern (*Gagea*) und Lauch (*Allium*) kommen hier leichter zum Zuge.

FRAUENSCHUH

Cypripedium calceolus
Familie der Orchideen
(Orchidaceae)

Die Entscheidung ist mir bei allen Biotopen schwergefallen, hier aber besonders, geradezu unermesslich ist die Artenzahl – und alle

Artisten sind noch wunderschön. Aber von der großen Palette an Orchideen soll der Frauenschuh (*Cypripedium calceolus*) als Arche-würdig geehrt werden.

Zwar wächst diese bis 50 Zentimeter hohe, im Mai und Juni blühende Starpflanze mit ihren breit-elliptischen, schön gerieften Blättern auch im lichteren Rotbuchen- oder gar im Kiefernwald, aber auf Halbtrockenrasen ist der Frauenschuh exponiert. Fulminant sind die gelben Blüten mit braunen Clog-artigen Unterlippen. Eine wirklich tolle Art, gerne im Übergang zum Wald oder aber zu Gebüschen.

Vielerorts ist der Frauenschuh ausgerottet, erloschen, etwa ausgedunkelt durch Zuwachsen der Standorte. Aber woanders wird er liebevoll gepäppelt. Dort werden die letzten Bestände beispielsweise gegen Tierverbiss abgezäunt und mit Buchenlaub umkränzt. Das sind die richtigen Zutaten für einen Frauenschuh, dazu noch Kalk und eben die »schützende Hand«.

Manche Pflanzen bringen es auf zwei Blüten, die Blätter sind stängelumfassend, fürwahr ein nicht zu ignorierendes Gedicht von Pflanze in fast immer blütenreicher und nur lücky bewachsener, steiniger Umgebung.

PURPUR-KNABENKRAUT

Orchis purpurea
Familie der Orchideen
(Orchidaceae)

Da will eine andere »alte Dame« nicht zurückstehen und überbietet den glamourösen Frauenschuh noch um einiges. Die Rede ist von dem überaus pompösen Purpur-Knabenkraut (*Orchis purpurea*). Es ist eine ausgesprochene Erscheinung von 30 bis 90 Zentimeter im Trockenrasen, aber auch wieder im lichten Laubwald.

Beide Orchideen, der Frauenschuh und das Purpur-Knabenkraut, laufen sich durchaus mal über den Weg, ähnlich sind nämlich ihre Ansprüche. Das Purpur-Knabenkraut braucht nur mehr Kalk. Kalk, Kalk, Hauptsache Kalk. Ob es nun nasser oder trocken ist, ob es in der Sonne oder im Schatten steht, scheint diesem unerschütterlichen Prachtstück nahezu egal zu sein. Ohne Kalk aber geht gar nichts.

Ein Blütenstand kann zuweilen 20 Zentimeter umfassen, und dann – was für eine Unterlippe: um einen Zentimeter breit, weiß, blassrosa bis sogar intensiv violett, stets mit stippenartigen Wärzchen von bräunlich-violetter Farbe. Ein Stelldichein von Schönheit und schon von weitem sichtbar. Von Mitte April bis Juni blühend, an günstigen Standorten auch immer früher im Jahr. Vor allem in den Kalkgebieten rund um den Harz, in der Eifel und im Hunsrück, im Spessart und im Nord-Schwarzwald sowie um den Bodensee. Im sauren Gebirge scheitert das Purpur-Knabenkraut dagegen, Fehlanzeige, aber ebenso in Bayern südlich der Donau. Das ist nun aber wirklich nicht schlimm, die haben dort ja sonst fast alles ... Die Knollen aller Orchis-Arten galten früher als Mittel in der Kinderheilkunde, als Aphrodisiakum (Signaturenlehre) und Droge. Das ist gottlob vorbei, denn selbst in der Türkei und auf dem Balkan schwinden diese plantaren Wunderkerzen durch Sammelleidenschaft, sie sind daher europaweit geschützt.

Auch das Purpur-Knabenkraut ist eine Orchideen-Art – eine besonders prachtvolle und ungewöhnliche noch dazu.

GEWÖHNLICHE KUHSCHELLE

Pulsatilla vulgaris
Familie der Hahnenfußgewächse
(Ranunculaceae)

Mit einer Gattung hadere ich besonders, mit der der Kuhschellen. Und dazu zählt die bereits ab Ende März toll himmel- bis königsblau blühende Gewöhnliche Kuhschelle *(Pulsatilla vulgaris)*. Ich komme nämlich oft zu spät, viel zu spät, wenig geht da noch. Zwar sind später die silbrig-glänzenden Fruchtfäden nicht von schlechten Eltern, aber so ein überbordendes Blütenmeer ist mir doch noch lieber. Ob nun im Kaiserstuhl, im Mainzer Sand, ob auf den Höhen bei Göppingen in Baden-Württemberg oder auf der Bottendorfer Hochebene im Nordosten

Von März bis April, manchmal bis in den Mai, kann man die Blüten dieser Kuhschelle bewundern.

von Thüringen: massenhaft Kuhschellen, aber null Blüten. Egal, ich lebe ja noch, und irgendwann bade ich auch mal darin, vielleicht ja auf der Arche.

Diese »Edle Blaue« baut auf Esel, Schaf und Rind (jung), die fressen das Zeug zum Glück nicht und heben so die Kuhschellenstimmung. So kann sie sich ausbreiten, was kaum noch irgendwo möglich ist. Zu klein und isoliert sind diese Halbtrockenrasen in Deutschland. Im Osten Niedersachsens wird deshalb alljährlich akribisch Buch geführt über die dort noch ansässigen glockenartigen Blumen. So verlernen wir nicht das Zählen, doch auf über 600 Exemplare kommen wir

aber landesweit nie (und Niedersachsen ist groooß! Sooo selten!) Deshalb ja auch geschützt. Übrigens, manche sagen »Küchenschelle« zu diesem Gewächs, dabei hat es mit Küchen und Kochen rein gar nichts am Hut (ganz im Gegenteil, es ist eine giftige Gattung). Die Bezeichnung hat sich aus dem Wort »Kühchenschelle« entwickelt, was einst »kleine Kuh« bedeutete, also aus einer Beweidung mit nur leichtgewichtigen Weidetieren. Schafe und Ziegen verteilen die in ihrem Fell hängen gebliebenen behaarten Samenstände in der Gegend. Ich bleibe bei »Kuhschellen«, allen Missverständnissen vorzubeugend – eine ungewöhnliche Noblesse.

DIE FELSFLUR

GEWÖHNLICHER WUNDKLEE UND GEWÖHNLICHER HUFEISENKLEE

Raus in die Natur

Manche sprechen bei diesen Biotopen von Felsrasen, doch ich finde das mehr als irreführend. Denn wenn die Lage fast hoffnungslos erscheint und nur noch blankes Gestein übrig bleibt, wenn aller Boden abgeweht oder abgeschwemmt wurde, wenn kraxelnde Tiere oder auch mal ein Mensch diese unrühmlichen Lebensbedingungen noch weiter verschlechtern – wie soll man da von Rasen sprechen? Doch wenn das alles gegeben ist, dann schlägt die Stunde der Annuellen, der Einjährigen, der Lückenbüßer, der Unverwüstlichen von niedriger Statur, jener, die schnell kommen und noch schneller wieder gehen. Wie in Wüsten und Steppen nach jahrelang ausgebliebenen Regenfällen. Es ist die Stunde der Kurzlebigen, der Vagabunden, der Kämpfer an Steilwänden, die der unerschütterlichen Pflänzchen mit den vielen leicht verstreubaren Samen. Es sind Kriecher und Sich-Dahinschlepper, Tiefblicker, Unerschrockene und Zukurzgeratene. Aber sie wissen: Samen, die Frost und Hitze spielend

getrotzt haben, sind hier den Wurzelkonkurrenten überlegen. Oder vorwitzige Pflanzen mit einem Hang zum Spalteneindringen mischen sich ein, darunter Berg-Aster, Berg-Gamander, Echter Gamander, Kriechendes Nadelröschen sowie einige Lein- und Sonnenröschen-Arten. Es sind ausgesprochene Stehaufmännchen, die auch längere Durststrecken spielend überdauern, um dann, nach nur wenigen Niederschlägen, alles plötzlich noch nachzuholen.

»Immer auf die Kleinen«, so hieß es früher auf dem Schulhof oder beim Sport – nein, das will ich hier ganz und gar nicht. Schon weil ich mich als eher großer Schüler an diesen dummen Mätzchen beteiligt hatte. Sicher bin ich mir zwar nicht, aber ich vermute es mal. Und weil das nicht gerade nobel von mir war, habe ich hier ein Herz für zwei Winzlinge, obwohl: Unter optimalen Bedingungen sind sie gar nicht so klein.

Die Kleinen werden ja oft unterschätzt, übersehen, verkannt, man tritt drauf herum und misst ihnen weniger Bedeutung zu, als

Der Wundklee verbessert nicht nur den Boden, sondern ist auch eine Heil- und Futterpflanze.

sie es eigentlich verdient haben. Dabei können beide Arche-Besteiger wichtige Erstbesiedler von Rohböden sein, denn jeder von ihnen besitzt einen ausgesprochenen Hang, zu posieren und sich zu postieren – weil flächendeckend beziehungsweise in großen Mengen auftretend.

GEWÖHNLICHER WUNDKLEE

Anthyllis vulneraria
Familie der Hülsenfrüchtler
(Fabaceae)

Der Gewöhnliche Wundklee *(Anthyllis vulneraria)* – er leistet sich sogar mehrere Unterarten (zum Beispiel in den Alpen oder auf den Nordseedünen) – tritt vor allem auf steinigem Gelände groß in Erscheinung. In Steinbrüchen, an Böschungen, in Kalkmagerrasen oder nur an Straßen und Wegen. Mit seinen Blüten aus Weiß, Orange, Rot bis dominant Gelb ist er dabei derart beliebt, dass man diesen Schmetterlingsblütler immer häufiger in Ansaaten von Bundesstraßen und Autobahnen sieht. Dabei ist der Mai sein Monat, aber Blüten schon kurz davor und noch Nachblüten bis in den August hinein sind nicht untypisch. Eine Pflanze, die den Boden mit Stickstoff aus der Luft versorgt, ein natürlicher Bodenverbesserer also, eine Pflanze beliebt bei Bienen und Käfern. Ich mag sein teppichartiges Auftreten, auch gepaart mit absonderlichen Blättern. Denn das vorderste Blatt, das Blatt am Ende der unpaarig gefiederten Blätter, ist ungewöhnlich groß, es misst alleine schon drei Zentimeter. Und das ohne Stiel! Es sieht fast grotesk aus im Verhältnis zur ganzen Pflanze von nur zehn bis 30 Zentimeter Größe. Das Lateinische *vulnerarius* geht zurück auf ihre frühere Verwendung als hoch angesehenes Wundmittel. Der Klee wurde zudem als Futterpflanze angebaut und ist in Teemischungen zu finden. Selbst abgeblüht wirkt er noch dekorativ – ein für Steingärten zu empfehlender Platzhalter.

GEWÖHNLICHER HUFEISENKLEE

Hippocrepis comosa
Familie der Hülsenfrüchtler
(Fabaceae)

Der Hufeisenklee lädt hauptsächlich Bienen zum Mahl ein und ist selbst vor allem bei Schafen eine äußerst beliebte Futterpflanze.

Der Gewöhnliche Hufeisenklee *(Hippocrepis comosa),* mein Parttime-Mitbewohner aus gebirgigen Landschaften, wenn ich dort unterwegs bin, macht es mir schwer: Er hat nämlich den Nordwesten Deutschlands nicht im Plan, null und nichtig!

Und nicht etwa wegen seiner Blütezeit im Mai bis Juni (Juli), erst recht nicht danach: Trotz auffallend verdrehter Früchte wie Korkenzieher, die aber leider viel zu schnell in viele Einzelteile zerfallen ... Oder zur Glanzzeit, im Frühling, wenn er flächig Böschungen, Felsen, Magerrasen, Graben-, Straßen- und Wegränder, Bahn- sowie auch mal sonnendurchflutete Waldsäume überzieht. Dann stinkt gegen diesen Hufeisenklee wirklich niemand an.

Dieses Goldgelb, über Gestein wie riesige Decken, einzeln dargebracht in kleinen Blütenquirlen in eindimensionaler Tracht. Je kürzer der Bewuchs, umso auffallender. Selbst nur bis 25 Zentimeter hoch, die unpaarig gefiederten Blätter von nur graugrüner Farbe, die verdrehten Hülsen nur bis drei Zentimeter lang – ein richtiger Sparfuchs also. Im Süden, wo dieser Schmetterlings-blütler oft häufig ist, da guckt kaum jemand hin. Aber wir im Norden und Nordwesten – ich jedenfalls geifere alljährlich nach diesem wilden Bodendecker. Und da trifft es sich bestens, dass es ganz in meiner Nähe, nur knapp eine Autostunde entfernt, nun doch ein veritables Vorkommen vom Gewöhnlichen Hufeisenklee auf dem Güterbahnhof in Rotenburg an der Wümme gibt. Und dort fühlt er sich sogar auffallend wohl, ist seit 1999 in steter Zunahme.

DER LEHMACKER

GEWÖHNLICHES HIRTENTÄSCHEL, GEWÖHNLICHER ERDRAUCH UND ECHTE KAMILLE

Raus in die Natur

Nun gibt es nicht den Ackertyp, auf den sich die Acker-Arten eingrenzen ließen. Unsere so unterschiedlichen Äcker sind nämlich oft wie Überraschungstüten.

Fast jede Segetalart – die Segetalflora umfasst alle wild wachsenden Pflanzen neben den auf Äckern angebauten Kulturpflanzen – wächst auch woanders. Aber klar gibt es deutliche Schwerpunkte, so auf lehmigen Äckern. Auf diesen halten sich Basen, Kalk, Nährstoffe und Feuchtigkeit länger als auf Sand. Die Bearbeitbarkeit ist zudem erschwert, und im Bergland setzt die Vegetationsperiode später ein. Hinzu kommen bewirtschaftungserschwerende Hanglagen, und nach Süden exponierte Flächen trocknen und hagern schneller aus. Auf Sand dringen die Niederschläge schneller ein, der Boden trocknet aber dementsprechend eher wieder ab. Auf Lehm fließt das Wasser verstärkt oberflächlich ab, vor allem nach langer Trockenperiode. Hier sortieren sich also Pflanzen ein, die das Wechselfeuchte vertragen, die Wärme

lieben, dem Extremen trotzen. Die Pflanzen, die Lehm bevorzugen, sind keine Armleuchter der Nährstoffversorgung und unbekümmert dem Pflug gegenüber mittels reichlich Samenausbildung. Lehmäcker befinden sich in Flussauen, in den ausgedehnten Lössbörden unmittelbar vor unseren Mittelgebirgen (Jülicher Börde, Warburger Börde, Hildesheimer und Magdeburger Börde) und in den Mittelgebirgen selbst, bevorzugt in weniger niederschlagsreichen Gegenden. Börden sind die nacheiszeitlich aufgrund noch fehlender Vegetation durch feinen Fluglehm (der Wind, der Wind, das himmlische Kind: für die reichen Landwirte dort!) entstandenen, besonders fruchtbaren, da oft tiefgründigen Regionen am Südrand der norddeutschen Tiefländer. Hoch- und Niedermoore dagegen, die kargen Sande und großen Waldgebiete werden gemieden.

Denn noch immer gilt: Ackerarten benötigen die alljährliche Störung, die Bodenlockerheit, die Sonne und nach der Ernte die Zeit der längeren Bodenruhe. Dann vermögen Kälte und Frost eine ganze Reihe unserer Ackerbegleitarten zu beflügeln, wir sprechen von Kältekeimern. Ein wahrhaft ausgeklügeltes System, denn schon nach zwei bis drei Jahren Brachfallen, wenn also die landwirtschaftlichen Nutzflächen aufgegeben werden, finden sich kaum noch diese speziellen Pflanzen. Es sei denn: Der Pflug kommt erneut, der Boden wird wieder geöffnet, es wird sogar wieder etwas ausgesät.

Für uns im Naturschutz – auch selbstverständlich für Bienen, Feldgrillen, Feldhamster, Käfer, Heuschrecken und für Schmetterlinge – ein erstrebenswertes Ziel – das ganz wichtig – auch nur die Landwirte mit ihren Maschinen leisten können.

Bereits im 15. Jahrhundert wurde ein Destillat des Hirtentäschels etwa gegen Nasenbluten oder zu starke Monatsblutungen eingesetzt.

GEWÖHNLICHES HIRTENTÄSCHEL

Capsella bursa-pastoris
Familie der Kreuzblütler
(Brassicaceae)

Klar, das Gewöhnliche Hirtentäschel *(Capsella bursa-pastoris)* kampiert mal in Gänseblümchen-Scherrasen, dann aber eher unter Bäumen, an Ecken und Kanten oder da, wo eine Bank oder ein Telefonhäuschen Hunde zum Verweilen einlädt (um ihre Geschäfte dort zu erledigen). Sonst ist diese das ganze Jahr über blühende Kohlgewächs (Kreuzblütler) von fünf bis gar 100 Zentimeter Höhe erpicht auf sandige bis lehmige, nährstoffreiche, besonnte, trockene bis feuchte Böden von Äckern, aber auch von Beeten, Straßen- und Wegrändern, Abfallplätzen, Weideeingängen, Weinbergen, von Platten- und Pflasterritzen. Dabei kann dieses weiß blühende Gewächs erstaunlich vielgestaltig auftrumpfen, selbst gewiefte Botaniker und Botanikerinnen erkennen es im Winter ohne Blüten nicht auf Anhieb. Einen richtigen

Aufstand, großen Heckmeck kann dieses Kohlgewächs zelebrieren: nämlich bei Tritt. Hundeurin und Hundekot in der Umgebung sind kein Problem für sie. Wohl aber für den Menschen, der diese ein- bis zweijährig überwinternde Art nutzen möchte: als Salat, Pfefferersatzpflanze (Samen) oder als inzwischen bestätigtes Hausmittel gegen Nasenbluten und kleine Wunden. Die Samen quellen auf, werden dann von Mensch und Tier verbreitet, aber auch durch Regen und Wind. Was auf so vielen Beinen zu stehen vermag, kann sich als eine der erfolgreichsten unserer Pflanzen bezeichnen. Und ganz genau so ist es hier, daher erhält diese Art unbedingt ihre Spielerlaubnis!

GEWÖHNLICHER ERDRAUCH

Fumaria officinalis
Familie der Erdrauchgewächse
(Fumariaceae)

So eine Trittbelastung und dadurch übermä-ßige Bodenverdichtung lässt dagegen den kolossalen Gewöhnlichen Erdrauch (*Fuma-ria officinalis*) völlig scheitern. Mit seinen tollen hell- bis dunkelroten Blüten, gepaart mit einer fast schwarzen Blütenspitze wäre das sehr schade. Er ist ein Erdrauchgewächs (*Fumariaceae*), zu denen auch unsere paar Lerchensporn-Arten zählen. Stark verästelt, grau- bis bläulich-grün, kahl und mit einer dünnen Wachsschicht versehen, zeigt er sich vor allem im Getreide und auch in Hack-fruchtäckern. Oder massenhaft manchmal davor, auf lückigen Böschungen. Einfach zu schön, um wahr zu sein!

Hin und wieder hat er auch einen Auftritt in Gärten, in Erdbeerbeeten, am Kompost, auf Lagerplätzen und an Kanten von Gräben. Ab und zu verirrt sich mal einer auf den Fried-hof, Erdrauch – wie passend ...

Eine Blüte wird fast einen Zentimeter lang, 20 bis 40 von ihnen bilden einen walzenarti-gen Blütenstand. Eine Pflanze wird bis 40 Zentimeter hoch, aber nicht selten viel breiter. Die Samenstände sehen wie kleine Penisse aus – glatt, kahl, jeder ebenfalls einen Zentimeter lang. Ein Langblüher, wie er im Buche steht, von April bis November, selbst noch nach ersten Frösten. Meistens ein Zeiger »schwerer Böden«, liebt Nährstoffe und die Sonne, ganz trocken mag er es eben nicht. An und auf Äckern gerne vereint mit Acker-Hellerkraut, Acker-Winde, Stinkender Hundskamille, Gewöhnlichem Ackerfrauen-mantel und Persischem Ehrenpreis. Oder mit der Echten Kamille (die anschließend be-schrieben wird). Unbestritten eine ganz bunte, feine Gesellschaft.

ECHTE KAMILLE

Matricaria recutita
Familie der Korbblütler
(Asteraceae)

Eine der »Königsblumen« auf Äckern stellt die Echte Kamille (*Matricaria recutita*) dar, die wie die blütenblattlose Strahlenlose Kamille tatsächlich intensiv nach Kamille riecht. Kamillen sind nämlich nicht gleich Kamillen, es gibt noch die Geruchlose Ka-mille, die Küsten-Kamille und die Hundska-millen, allesamt für Kamillentee unbrauchbar (nur etwas für »den Hund«, eben für »auf

Der Gewöhnliche Erdrauch ist ein ausgeproche-ner Langblüher. Unermüdlich blüht er von April bis Novemver, selbst noch nach ersten Frösten.

Die Echte Kamille ist eine Heilpflanze, die in Form von Teebeuteln fast in jeder Küche zu finden ist.

den Hund Gekommene«). Auf nährstoffreichen, nicht zu trockenen Lehmböden in voller Sonne fühlt sich dieser Korbblütler wohl, bekannt vor allem als Tee gegen vielerlei Leiden. Aber auch sehr schön anzusehen mit seinem Gelb und Weiß. Die Blütenblätter sind schnell herabgeschlagen, vor allem an Getreideäckern. Sekundär ist dieses einjährige Gewächs immer mal wieder in großen Mengen auf jungem Brachgelände, an Straßen (etwa nach Rohrverlegungen), in Neubaugebieten und an höhergelegenen Kanten

von Gräben auszumachen. Unbestritten ein Fall für die Arche, stellvertretend für eine ganze Reihe von Mitbewerbern gerade der lehmigen Äcker mit ihrer großen Farbenpracht. Die Echte Kamille hat auf wissenschaftlichem Gebiet schon einige Umtaufungen hinter sich (und im Volkstum sowieso) – von *Chamomilla recutita*, *Chrysanthemum recutita* bis *Matricaria chamomilla* reicht hier die Namenspalette. Die Echte Kamille war eigentlich nie eine Starpflanze von mir, sie wird aber gerade eine!

DER STEINACKER

ACKER-RITTERSPORN

Raus in die Natur

Ein enger Gefährte des Lehmackers ist der Steinacker, ein Biotop auf meist trockeneren, weil steinigen und oft sehr flachgründigen Äckern. Gerne hoch oben an Bergen, unterhalb von Wald und Halbtrockenrasen und oberhalb der heute meist artenverarmten Kulturbereiche mit erhöhter Bodenauflage. Hier dörrt die heiße Sonne den ausgesprochen Feinerde-armen Acker noch mehr aus, er ist daher besonders lückig bewachsen, lichter, niedrigwüchsiger. Nicht selten wird hier schon aus ökologischen Gründen weniger bis zum Glück gar nicht gespritzt. Und schon laufen auf diesen Äckern die dollsten Pflanzen auf: Acker-Haftdolde, Acker-Klettenkerbel, Breitblättriger Hohlzahn, Gelber Günsel, Venuskamm, die beiden Tännelkraut-Arten sowie unsere beiden Frauenspiegel. Oder wahre Acker-Kostbarkeiten wie Großblättriger Breitsame, Flammen- und Sommer-Adonisröschen (auch Blutströpfchen genannt), Kornrade, Rundblättriges Hasenohr oder Saat-Leindotter.

Aber sie alle sind in Deutschland inzwischen dermaßen selten, die sieht kaum noch jemand. Nur noch Eingeweihte, überaus ortskundige Hardcore-Typen, die dann zu Recht daraus regelrechte Geheimnisse machen. Daher muss ich an dieser Stelle jetzt mal ganz schnell weiter ...

ACKER-RITTERSPORN
Consolida regalis
Familie der Hahnenfußgewächse
(Ranunculaceae)

Der zutiefst ackerloyale Acker-Rittersporn *(Consolida regalis)* kommt immerhin noch etwas häufiger vor und platziert sich neben Kornfeldern gerne mal in und an Rübenfeldern. In den so gehölzarmen Bördegebieten ist die Zuckerrübe mit die bekannteste Feldfrucht, sie gilt dort als höchste schattenspendende Pflanze ... Der Acker-Rittersporn

Auch der Acker-Rittersporn besticht durch seine tiefblaue Farbe und ist schon von weitem erkennbar.

macht mich richtig an mit seinem attraktiven Blau, selbst noch im Frühherbst blüht er im und am Stoppelfeld – wenn man ihn denn nur lässt und ihm nicht sofort wieder mit dem Pflug droht. Auf jeden Fall ist er einer, der den besten Preis als Nebendarsteller verdient hätte. Lückigkeit ist ihm wichtig, Kalkzufuhr ebenfalls, er wurzelt dann bis 50 Zentimeter tief. Beim Acker-Rittersporn sind die dunkelgrünen Blätter tief zerteilt, fast nadelartig. Geblüht wird von Ende Mai bis in den Oktober hinein, überwiegend aber im Hochsommer, wenn der Weizen reift. Dann

steht er mit Kamillen, Mohn- und Wolfs-milch-Arten sowie immer mal wieder mit der Kornblume in reizvollen Kontrasten. Er ist ein giftiges Hahnenfußgewächs, das im Nordwesten Deutschlands völlig fehlt und auch die höheren Gebirge meidet.
Die alten Heide- und Moorgebiete sowie die deutsche Nordseemarsch waren noch nie sein Ding. Sie sind einfach zu kalt, zu klamm, zu feucht, zu kalkarm, zu ungemütlich. Jedenfalls aus Sicht dieser anspruchsvollen Arten aus den wärmeliebenden Gesellschaf-ten der steinigen Äcker.

DER STEPPENRASEN

FRÜHLINGS-ADONISRÖSCHEN UND ECHTES FEDERGRAS

Raus in die Natur

Richtige Steppen besitzen wir in Deutschland zwar nicht, die beginnen erst weiter im Osten, in Polen, Tschechien, Ungarn und in der Slowakei. Aber Steppenpflanzen haben wir bei uns durchaus, und gar nicht mal so wenige – was Sie vielleicht überrascht. Das sind diese Helden der Durststrecken, stets an- und aufregende Vorposten, erste Vorkommen bereits weiter im Westen als für möglich gehalten. Etwa westlich bis zum Oberrhein, um den Harz, am mittleren Main oder gar im sagenhaften Mainzer Sand. Im Saale- und Unstruttal, am Kyffhäuser im Norden von Thüringen, im mittleren Maintal oder an der Oder bei den Lebuser Bergen. Allererste Erscheinungen oder letzte Relikte, ganz wie man will. Aber schon immer viel beachtet und vor Ort gehütet wie Argusaugen. Ausgewiesene Botaniker-Hotspots, meist wird intern um sie gar nicht so viel Aufsehens gemacht. Sie wissen schon – ja bloß keine schlafenden Hunde wecken, denn nicht jeder erfreut sich an den schönen Blüten weit abgelegen in der Pampa. Hier geht es volle Lotte in die Arten- und damit in die Farbenvielfalt.

Ab Ende März wechselt bis Oktober auf Steppenrasen allmonatlich der Aspekt, wofür hier nun meine zwei Spielmacher stehen. Sie sind wie Ernie & Bert, Max & Moritz, wie Dick & Doof (wobei völlig unklar ist, wer wer ist), wie Tünnes & Schäl, wie Rotz & Löffel. Auf jeden Fall sind diese beiden Kandidaten wie Pech und Schwefel, ein Herz und eine Seele.

Ganz besonders prädestiniert wäre an dieser Stelle ebenso die im Juni und Juli blassgelb blühende Sand-Lotwurz, ein sagenhaft langhaarig drapiertes Raublattgewächs. Aber sie ist dermaßen selten, nur an einer einzigen Stelle in Deutschland bei Mainz, die bekommt praktisch kaum jemand zu Gesicht. Ich zwar schon, aber ich zähle hier nicht, meine ausgewählten Pflanzenarten sind für alle da. Erlebbar ohne große Schwierigkeiten, ohne lange Anfragen, ohne Gefahr für Leib und Seele, zumeist daher bekannt.

FRÜHLINGS-ADONISRÖSCHEN

Adonis vernalis
Familie der Hahnenfußgewächse
(Ranunculaceae)

Das Frühlings-Adonisröschen (*Adonis vernalis*) ist aber ein Angebot, welches ich nie abschlagen kann. Bereits Ende Februar zeigen sich extrem bodennah, dort wo der Schnee schon sehr früh ausgeapert (abgetaut) ist, die ersten Adonisröschen-Blüten.

Wie? Adonis? Eher doch wie Phoenix aus der Asche im ansonsten noch tristen Gefitzel aus Braun, Grau und allerhöchstens etwas Grün-lich. Wohlbehütet schälen sich die Blüten aus noch existenten, gegen Frost schützenden Pflanzenresten der Vorsaison heraus. Allmählich erheben sich die kleinen Sonnenblumen bis zu einer Breite von sechs Zentimeter in eine Höhe bis zu 40 Zentimeter. Kurzum: eine Offenbarung.

Wird es dem Frühlings-Adonisröschen zu heiß, marschiert es auch in Gebüsche oder gar lichte Kiefernwälder und erreicht hier eigentlich inzwischen die prächtigsten Individuen. Die Blätter sind haarfein zerteilt, damit der im Sommer bei einer bis zu 65 Grad Celsius unbarmherzigen Sonne so wenig Phytomasse geboten wird wie nur möglich. Was nicht vorhanden ist, kann nämlich nicht verbrennen – eine Standardregel. Die Samen sind in eiförmigen, körnig rauen Fruchtständen bis drei Zentimeter Länge versammelt, sie sind ebenfalls äußerst dekorativ. Das sind richtige Morgensterne, nur eben ziemlich eierköpfig.

Und sehr giftig ist dieses Hahnenfußgewächs, gut so. Dann verschmähen selbst die nimmersatten Ziegen diese Kostbarkeit und sorgen direkt und indirekt für deren Erhalt oder gar Ausbreitung. Ein altes Herzmittel, eine Pollenblume und ein Tiefwurzler, verbreitet durch Ameisen, ganzjährig geschützt – ein klarer Fall für die Arche. Dieser so lebhafte Kandidat müsste sogar mit bei einer Besatzung von nur 22 Arten!

In Niedersachsen erreicht dieses Schätzchen nur noch den äußersten Südosten, am Rand des »Mitteldeutschen Trockengebietes«. Nur einige Kilometer weniger, und dieses Bundesland hätte nichts von diesem Gewächs. Daher schaue ich alle paar Jahre nach und zähle jedes Individuum des wunderbaren Frühlings-Adonisröschens.

Aus dem Adonisröschen gewinnt man ein wirksames Herzmittel. Leider wird dabei noch häufig auf Wildpflanzen zurückgegriffen.

Das Federgras gehört in seiner Blütezeit zu den schönsten Süßgräsern. Erst ab dem Spätsommer verliert es seine Faszination.

ECHTES FEDERGRAS

Stipa pennata
Familie der Süßgräser
(Poaceae)

Wo Frühlings-Adonisröschen aufkreuzen, sind diverse Steppengräser nicht weit. Zehn an der Zahl gibt es davon in Deutschland, die Gelehrten streiten sich da noch …

Das schönste und nach dem Haar-Federgras zweithäufigste Federgras ist das Echte oder Grauscheidige Federgras *(Stipa pennata)*. Es kommt eben nicht wie ein Stadtstreicher daher, es ist meines Erachtens unser schöns-tes Süßgras überhaupt. Klar, bei diesem Namen! Meine Begeisterung war darum bereits vom Moment der allerersten Begeg-nung mit dem Echten Federgras da. Elegant silbern bis golden in der Sonne glänzend, bereits im April zu Blühbeginn. Und unvergleichlich zur Fruchtreife ab Mitte Mai, wenn dann die bis zu 35 Zentimeter langen Grannen im Wind wehen beziehungs-weise allmählich abgeweht werden. Im April, mit dem Wind an steilen Hängen, wirken die Gräser wie ein wogendes Getreidefeld: Russland so ganz nah, die asiatische Steppe tatsächlich vor der eigenen Haustür!

Das Echte Federgras ist ein Sonnenanbeter auf Kalk, wird bis 70 Zentimeter hoch, wächst gerne auf Gestein – je steiler, desto besser, die Konkurrenz kann dann nicht mehr folgen. Kommen etwa erobernde Gebüsche auf, erlebt dieses Süßgras schnell sein Waterloo – und das trotz den meist fehlenden Wasser an seinen Wuchsplätzen. Ab Spätsommer mutiert das Echte Federgras dann aber doch zur traurigen Gestalt, unan-sehnlich abgerupft, kaum noch wiederzuer-kennen, nichts deutet auf die einstmalige Herrlichkeit hin.

Ein Gras in Bulten mit in Deutschland nur inselartigen Vorkommen, weit verteilt, von Mosel und Nahe über das Harzvorland und Regensburg bis ran an die mittlere Oder. Disjunkt verbreitet, nennen wir das. In Niedersachsen, Schleswig-Holstein und auch in Mecklenburg-Vorpommern fehlt es völlig; in Nordrhein-Westfalen ist es ausgestorben, wenn denn diese eine alte Angabe bei Bonn überhaupt stimmt.

Und sollte der Klimawandel, also die zuneh-mende Erderwärmung, sich weiter beschleu-nigen, den skurrilen Federgräsern wäre das nur recht. Dazu müssen wir jedoch ihre besonders artenreichen Sonderbiotope sichern und entwickeln.

Sanft wiegt sich das Federgras im Wind, hier am südwestlichen Kyffhäuser-Rand (Nord-Thüringen).

DIE SUBALPINE BERGWIESE

SUMPF-HERZBLATT UND BERG-HAHNENFUSS

Raus in die Natur

So sind wir jetzt tatsächlich ganz im Süden angelangt, im höheren bis ganz hohem Bergland, ab 1 000 Metern Höhe. Ehrliche Bergwiesen, verlässlich und am besten noch ausgeprägt, gibt es eigentlich nur noch im Voralpenraum und in den Alpen selbst. Im Allgäu, im Süden von Oberbayern, in Anklängen in den Hochlagen des Schwarzwalds. Klassiker waren und sind immer noch diese artenreichen Alpen-Bergwiesen, selbst wenn sie in den letzten 50 Jahren ebenfalls arg gelitten haben. Sei es aufgrund der zu viel ausgebrachten Gülle, durch Anpflanzungen von Fichten oder bedroht durch den sich weiter ausbreitenden Ski-Tourismus. Von Bächen, Flüssen und Seen unterbrochen, öffnen sie mir geradezu das Herz.
Die Alpensilhouette bei gutem Wetter zum Greifen nahe, ist es aber dann doch noch ein erstaunlich weiter Weg, bis man denn endlich oben angekommen ist. Dann aber nichts wie raus aus dem Auto, dem Lift oder einfach gewandert – und hoch die Hänge hinauf. Am besten querfeldein und nicht auf den ewig mäandrierenden und deshalb ermüdenden Wegen. Und wenn einem dann Gämsen, erstaunlicherweise auch der Hausrotschwanz vom Bremer Bahnhofsviertel oder sogar fast 130 Alpensalamander – wie 2016 – über den Weg laufen, dann ist das fast zu viel des Guten! Besonders für einen ausgesprochenen Fischkopf wie mich.

SUMPF-HERZBLATT

Parnassia palustris
Familie der Herzblattgewächse
(Parnassiaceae)

In diesen luftigen Höhen erreicht man das verführerische Sumpf-Herzblatt *(Parnassia palustris)*, ganz sicher ein besonderes Accessoire dieses Projekts. Ein wahres Gedicht mit seinen weißen, bis drei Zentimeter breiten, innen von Juli bis Oktober bogig bis parallel

Die Kronblätter des Herzblatts bündeln das Sonnenlicht. So kann sich die Temperatur in der Blüte um bis zu drei Grad erhöhen. An kalten Tagen wärmen sich hier Fliegen auf.

Ostseeküste mit ihren Kliffs zu Hause. Selbst am berühmten Königsstuhl auf Rügen klebt diese Edelste in größerer Menge. Nördlich des Mains ist sie jedoch an vielen Stellen gerade in den letzten Jahren ausgestorben. Es ist eine überall gefährdete Pflanze, zudem gelistet auf der Bundesartenschutzverordnung. Die Samen sind sehr leicht und werden in kugeligen Kapseln ausgebildet, Wasser und Wind befördern diese wenigstens in den Alpen und davor noch in viele Winkel – daher kein Alpenbesuch im Juli oder August ohne Anblick dieser Grazie. Noch!

Klasse sind auch die dunkelgrünen Blätter, jeweils prunkt immer nur eines herzförmig und wie abgeschnitten am glatten Stängel. Am Grund gibt es dann weitere kreisrunde bis ebenfalls herzige, adrette Blätter. Eine wundervolle Konstruktion, vor allem in moosreicher Vegetation an nährstoffarmen, aber stets kalkhaltigen Stellen. Die Bezeichnung *Parnassia* rührt vom Berg Parnassos auf Kreta her, dem Sitz der Musen. Wohl aufgrund von Form und Farbe der Blüten, würde jedenfalls gut passen ...

grünlich-gestreiften Blüten. Eine der anhänglichsten, eindringlichsten, fast schmusigen Gestalten. Wäre das Sumpf-Herzblatt ein Mensch, würde ich ihr glatt einen Heiratsantrag machen – weil so schön. Eine unerreichte Mischung aus ergreifender Anmut, eiskalter Diva, subtiler Hochstaplerin, keuchigem Trotzkopf und zudem noch fast modebewusst. Diesen weißen Edelstein hatte ich schon von Anfang an bei meinen Arche-Plänen am Angelhaken.

Das Sumpf-Herzblatt ist eine superwichtige Kennart nicht nur von Bergwiesen, sie ist ebenso in Flachmooren, Kalkmagerrasen, an Quellen, in Sümpfen, auf überrieselten Felsen, in Klüften und sogar mal an der

BERG-HAHNENFUSS

Ranunculus montanus
Familie der Hahnenfußgewächse
(Ranunculaceae)

Nur Felsen und flache Sümpfe lässt sich der noch häufigere Berg-Hahnenfuß *(Ranunculus montanus)* nicht bieten. Er mag es gerne lehmig, auch mal wechselnass, licht bis schattig und nährstoffreich. Im Mai und Juni ist er die bezeichnende Pflanze der Rinderweiden, eine richtige Almen-Art also. Absolut robust sehen schon die vielen goldgelben, glänzenden, bis knapp zwei Zentimeter breiten Blüten aus. Die Blätter sind am Grund goldhahnenfußartig dreiteilig, am

Der Berg-Hahnenfuß ist giftig und kann Hautreizungen und Lähmungserscheinungen hervorrufen.

Stängel dann aber stark eingeschnitten und auf den ersten Blick vielgestaltig. Stängel, Blatt- und Blütenstiele sind behaart – und dies viel deutlicher als die Blätter selbst. Der Berg-Hahnenfuß ist eine gefährdete Pflanze, die es im Schwarzwald gibt, im Allgäu sogar bis auf 2 350 Meter hoch krabbelnd. Ende Mai 2019 kam ich in zwei Stunden vom Hegau aus mit hier schon voll blühenden Helm-Knabenkräutern über Lindau ins Allgäu – auf 800 Meter. Oh jemine, fast alles war noch von Schnee bedeckt. Wenn ein Norddeutscher schon mal in den Alpen nach Orchideen suchen möchte, ergattert er wenigstens dieses veritable, nur fünf bis 30 Zentimeter hohe, sehr ausdauernde, eifrige, aber giftige Gewächs. Es ist kein Fall fürs Vieh und kann so noch mehr sei-

nem überaus geselligen Dasein frönen. Selbst Skifahrer können ihm nichts ans Zeug flicken. Erstaunlich, dabei hätte sich der Berg-Hahnenfuß so früh gar nicht zeigen müssen, denn er blüht noch fleißig bis September. Ich sah ihn zusammen mit dem überwältigenden Frühlings-Enzian, mit Gewöhnlichem Kreuzblümchen, Gold-Fingerkraut und Hoher Schlüsselblume. Für mich eine skurrile Kombi.
Der Berg-Hahnenfuß ist eine Art der Fläche, des Flachen, aber nicht des Oberflächlichen! Und eben mit ganz viel Weiß vom Schnee, ein paar Lifte ohne Leute drehten sich noch oberhalb vom Großen Alpsee. Auf Buckeln und in Senken sowie an kleinen Geländekanten war er zu sehen – mögliche Konkurrenten verzagen hier.

DIE HÖHEREN ALPEN

STÄNGELLOSER ENZIAN UND ALPEN-AURIKEL

Raus in die Natur

Oberhalb der alpinen Waldgrenze, auch noch weit oberhalb der Baumgrenze, im Bereich der Matten ab 1 500 Meter Höhe, also im Gebiet der Krüppelkiefern bis hoch hinauf ins zumeist steinerne Refugium von Murmeltier und Steinadler, da herrschen besonders raue Sitten. Der Wind bläst, Stürme sind nicht selten, hohe Niederschläge bis 2 000 Millimeter im Jahr, Nebel, abrutschender Schnee im Winter, Hitze im Sommer in der prallen Sonne. Die Temperaturen wechseln hier im Tages- bis Jahresverlauf enorm – man wünschte sich sicher angenehmere Bedingungen. So benachteiligt, besteht hier überall die Gefahr der Nutzungsaufgabe. Sie verändert genauso das typische Artengefüge hin zum Negativen (Artenverarmung) wie die allgegenwärtigen Nutzungsintensivierungen. Dann nämlich, wenn hochwüchsige Stauden wie Alpen-Greiskraut, Alpen-Ampfer, Alpen-Milchlattich, Grauer oder Grüner Alpendost nach diesen wertvollen Flächen greifen. All das ertragen nur Pflanzen, die abgehärtet, die hier oben altbewährt sind, jederzeit bereit zum Kontern. Sie sind absolut alltagstauglich, Allzweckwaffe wie Tausendsassa in einem. Kurzum: All die Pflanzen sind in den Alpen echt die Höhe! Haben sogar Eingang gefunden in unser Liedgut: »Blau, blau, blau blüht der Enzian!«
Für die Arche muss ich es leider bei zwei ausgesprochen hochthronenden Polsterpflanzen belassen. Denn das Edelweiß beispielsweise sah ich selbst noch nie, daher konnte ich auch nie ein Foto von ihm machen. Es findet somit keine Berücksichtigung. Diese seltene Art ist noch ein ehrgeiziges Zukunftprojekt. Alpenrosen, die Ampfer-Arten, Glockenblumen, Läusekräuter und Pestwurze, Teufelskrallen, Troddelblumen, Wegeriche oder gar die vielen Polterseggen sowie das hier oben weite Heer der gelben und weißen Korbblütler, und das adrett-fidele Scheuchzers Wollgras am Fellhorn bei Oberstdorf – sie alle kennen viel zu wenige, als dass ich dafür jetzt noch eine durchgreifende Begeisterung schüren könnte.

STÄNGELLOSER ENZIAN

Gentiana acaulis
Familie der Enziangewächse
(Gentianaceae)

Zum feinsten Design, mit der die Natur hantiert und hausiert, zählen ganz sicher die Enziane. Von denen existieren in Deutschland immerhin 25 Stück. Ein Mitbringsel für die Arche lässt besonders tief blau blicken, der Stängellose Enzian *(Gentiana acaulis)* oder Kiesel-Glocken-Enzian. Und das können Sie sogar wörtlich nehmen! Es lauert da noch ein Bruder im Geiste, einer auf Kalk, der – ganz praktisch – auch so heißt. Beiden gemein ist eine exorbitant große und tiefe Blüte, eine richtige Glocke, jedenfalls kein

Glöckchen. Diese königsblauen Prachtstücke von bis vier Zentimeter Höhe werden an den an sich nur fünf bis zehn Zentimeter hohen Gebilden von Juni bis August wacker in die Höhe gereckt. Oft mehrere auf einem Schlag, ein unfassbares Bild mit den innen bläulich-oliven, punktierten Flecken – das schillert und schimmert richtig. Wie eine Brosche, Kirchenglas oder dünnes Papier. Aber das alles geschieht nur in unseren Alpen westlich des Isar-Durchbruchs, vor allem in den Allgäuer Alpen. Und wer nun dermaßen was auf sich hält – so einem Angeber, einem pflanzlichen Narzissten sind auch manche Menschen hinterher. Allesamt wohl ebenfalls Narzissten. Darum ist das Abpflücken des Enzians schon lange verboten. Solche Gottheiten wachsen sowieso nirgends in profanen Gärten. Man sollte das alles einfach so schön da lassen, wo es hingehört und wo es begründete Aussicht aufs Überleben gibt. Diese vorletzte Pflanzenart soll mein gedankliches Projekt fast abrunden, mit diesen ausdrucksstarken Blüten und den Lineal-schlanken, an Spitz-Wegerich erinnernden Blättern.

Die Versuchung ist groß, sie abzupflücken, wenn man vor dieser Schönheit steht. Doch der Stängellose Enzian ist streng geschützt.

ALPEN-AURIKEL

Primula auricula
Familie der Primelgewächse
(Primulaceae)

Den Deckel drauf macht jetzt ein besonders starkes Stück Pflanze, eine erhabene Erscheinung, häufig auch nur ein Lokalpatriot, auf jeden Fall noch so ein Meilenstein der Wildpflanzen – die smarte Alpen-Aurikel *(Primula auricula)*. Sollte es ein »Herbe miniature« geben, ich meine im hiesigen Pflanzenreich, dann dürfte die Wahl auf dieses hingebungsvolle Gewächs fallen, denn nur fünf bis 20 Zentimeter bringt es auf der nach oben offenen Zentimeterskala. Und »herbe« ist

Die charmante Alpen-Aurikel begegnet uns gar in Höhen von weit über 2 000 Metern.

daran gar nichts. Die festliche Alpen-Aurikel thront dort, wo wettermäßig immer der Bär tobt. Karg im Felsen, vor Felswänden, auf dünnen Grasmatten, auf Gestein mit geringster Bodenauflage, sich in Klüften und Klammen rettend. Ein sogenannter Spaltenwurzler, eine Insektenpflanze, auch ein Basen-, Licht- und Halblichtzeiger. Dort, wo nur noch die Murmeltiere ihr Reich haben. Hoch droben ist er einer der Platzhirsche schlechthin, in den Alpen bis auf sagenhafte 2 340 Meter reichend. Hierher verirrt sich kaum noch jemand und entfesselt sich auch nicht in großen, ja fast gierigen Mengen. Die Alpen-Aurikel hat etwas von einem Felshocker, einem Limbotänzer, einem wild gewordenen Rumpelstilzchen, aber dann wieder was von einem Prediger oben am Gebirgsgrat. Da bleibt mir ja schon die Luft weg. Die Alpen-Aurikel kommt nur in den Bayerischen Voralpen und Alpen vor. Was soll man hier auch erst angestrengt in die Höhe wach-

sen, wenn einen doch sowieso nur Schnee, Wind und allerlei Getier immer wieder einen Kopf kürzer machen – und sei es nur um einen hier besonders wertvollen Zentimeter? Von April bis Juni stellt sich diese Primel hellgelb zur Schau, am besten unter bajuwarischem Blauhimmel. Ich konnte sie bisher leider nur äußerst selten anhimmeln, denn ihre Wuchsorte liegen nun wirklich mit am weitesten von Bremen entfernt.

Die stolzen Blüten sind zu viert bis zu zehnt in einer Dolde, kombiniert mit blattlosen dicken Stängeln. Die glatten, weißlich angehauchten, fast sukkulenten Blätter sind ganzrandig und bräsig fast auf dem Untergrund angeheftet. So verteidigt die Alpen-Aurikel ihre Reviere, jede Durststrecke wird so gemeistert. Klar, die Art kann man für Steingärten kaufen, aber so ein »Betrug« liegt mir nun einfach nicht – ich muss das alles direkt vor Ort, atmosphärisch, live und leibhaftig ansehen.

NACHWORT

So, ich/wir sind nun endlich »bordvoll«. Nicht mit Wasser, wie nach vielem Regen unsere Bäche, Flüsse und Ströme. Nein, mit 111 Wildpflanzenarten aus ganz Deutschland. Mühevoll und nach ständigem Abwägen mit Argusaugen ausgesucht und aufgenommen, kann die Reise jetzt losgehen. Alles Wichtige ist bei dieser begrenzten Artenanzahl mit dabei. Eingetütet, in Töpfen, gegebenenfalls in Kübeln und Wannen. Für das Nötigste, für einen Neuanfang, um nicht etwa ganz karg und mit leeren Händen dazustehen. Wo dieses kleine Spiel endet, wo wir landen würden, ob etwa auch am Berg Ararat im osttürkischen Grenzland – wer wann wieder nach Hause kommen würde, was danach weiter geschehen würde? Doch ein Experiment, eher eine Fiktion – das alles überlasse ich Ihnen, einer jetzt vielleicht inspirierten Leserschaft. Stoff genug ist jedenfalls vorhanden. Und: Wer von diesen ausgelobten Pflanzen wird wohl nach einer Sintflut oder einer Dürre zuerst wieder Fuß fassen – und wo?

Diese 111 Pflanzenarten Deutschlands sollen es nun also sein auf meiner »Arche Jürgen«, meine 111 Hauptdarsteller und Schützlinge für einen Neuanfang. Nach wirklich hartem Kampf, akribisch ausgesucht, manche gewogen und für zu leicht befunden, nach einigen Umwegen aber doch auserkoren (vorgestern noch drauf gepfiffen und heute gefeiert). Sie sollen die deutsche Flora repräsentieren, im Fall eines virtuell völligen Zusammenbruchs, mein Startkapital also. Natürlich hätte es bei jeder und bei jedem anderen völlig anders ausgesehen. Wohl kaum zwanzig dieser Pflanzen würden bei meinem Nachbarn, im Freundeskreis oder bei meiner Freundin parallel auftauchen.

Eine höchst subjektive Auflistung also, ein Spiel, eine Versuchung – mit aktuell allerdings ernstem Hintergrund. Wenn wir nicht überfluten, so könnten wir auch austrocknen, vertrocknen, einfach verdorren und aussterben, verwehen. Es betraf schon vorher viele Arten, und dabei deutlich größere – Tiere wie Pflanzen, die auch nie mit solchen Schicksalen gerechnet hatten. Ich persönlich hoffe natürlich inständig, dass dieses Untergangsszenario, eine Apokalypse, niemals Wirklichkeit wird. Sondern dass wie gemeinsam und weltweit doch noch die Kurve kriegen und eine lebenswerte Zukunft auf Erden gewährleistet bleibt.

Seien wir uns aber dennoch nie zu sicher, denn Hochmut kommt immer vor dem Fall. Und bei der Spezies Mensch ist, wie sich gezeigt hat, mit allem zu rechnen. Auch dazu hatte schon zitierter Albert Einstein eine weitere Weisheit zu bieten, sofern sie tatsächlich von ihm stammt: »Zwei Dinge sind unendlich, das Universum und die menschliche Dummheit, aber bei dem Universum bin ich mir nicht ganz sicher.«

Der Anblick dieser wunderbaren Seelandschaft lässt einem doch das Herz aufgehen ...

SACHREGISTER

Die **halbfett** gesetzten Seitenzahlen verweisen
auf Abbildungen.

REGISTER DEUTSCHER PFLANZENNAMEN

REGISTER LATEINISCHER PFLANZENNAMEN

ADRESSEN

ARCHE NOAH

Österreichische Gesellschaft für Erhaltung der Kulturpflanzenvielfalt & ihre Entwicklung, Obere Straße 40, A-3553 Schiltern, www.arche-noah.at

BUND

Bund für Umwelt und Naturschutz Deutschland e. V., Crellestr. 35, 10827 Berlin, www.bund.net

NABU

Naturschutzbund Deutschland e. V., Charitéstr. 3, 10117 Berlin, www.nabu.de

VEN

Verein zur Erhaltung der Nutzpflanzenvielfalt e. V., Walburger Str. 2, 37213 Witzenhausen www.nutzpflanzenvielfalt.de

LITERATUR

Benkert, Dieter/Fukarek, Franz/Korsch, Heiko: **Verbreitungsatlas der Farn- und Blütenpflanzen Ostdeutschlands.** Spektrum Akademischer Verlag, Heidelberg

Düll, Ruprecht/Kutzelnigg, Herfried: **Taschenlexikon der Pflanzen Deutschlands.** Quelle & Meyer Verlag, Wiebelsheim

Eisenreich, Wilhelm/Handel, Alfred/Zimmer, Ute. E.: **Der BLV Naturführer für unterwegs.** BLV, ein Imprint von Gräfe und Unzer Verlag, München

Feder, Jürgen: **Feders fabelhafte Pflanzenwelt.** Rowohlt TB Verlag , Reinbek

Feder, Jürgen: **Feders fantastische Stadtpflanzen.** Rowohlt TB Verlag, Reinbek

Feder, Jürgen: **Feders kleine Kräuterkunde.** Rowohlt Taschenbuch Verlag, Reinbek

Grau, Jürke/Kremer, Bruno P./Möseler, Bodo Maria/Rambold, Gerhard/Triebel, Dagmar: **Gräser.** Mosaik Verlag, München

Haeupler, Henning/Schönfelder, Peter: **Atlas der Farn- und Blütenpflanzen der Bundesrepublik Deutschland.** Verlag Eugen Ulmer, Stuttgart

Haeupler, Henning/Muer, Thomas: **Bildatlas der Farn- und Blütenpflanzen Deutschlands.** Verlag Eugen Ulmer, Stuttgart

Jäger, Eckehart (Hrsg.): **Rothmaler – Exkursionsflora von Deutschland.** Springer Spektrum, Heidelberg

Kretzschmar, Horst: **Die Orchideen Deutschlands und angrenzender Länder.** Quelle & Meyer Verlag, Wiebelsheim

Oberdorfer, Erich: **Pflanzensoziologische Exkursionsflora.** Verlag Eugen Ulmer, Stuttgart

Scherf, Gertrud/Caspari, Claus: **Wildpflanzen neu entdecken.** BLV, ein Imprint von Gräfe und Unzer Verlag, München

Seybold, Siegmund: **Die wissenschaftlichen Namen der Pflanzen und was sie bedeuten.** Verlag Eugen Ulmer, Stuttgart

Sommer, Regina: **Bäume – das Haarkleid der Erde.** Biber Verlag, Extertal

Spohn, Roland und Margot: **Bäume und ihre Bewohner: Der Naturführer zum reichen Leben an Bäumen und Sträuchern.** Haupt Verlag, Bern

Spohn, Roland und Margot: **Blumen und ihre Bewohner: Der Naturführer zum reichen Leben an Garten- und Wildpflanzen.** Haupt Verlag, Bern

Storl, Wolf-Dieter: **Wandernde Pflanzen.** AT Verlag, Aarau

Weber, Ewald: **Das kleine Buch der botansichen Wunder.** C. H. Beck Verlag, München

Westrich, Paul: **Wildbienen.** Verlag Dr. Friedrich Pfleil, München

Wiesenauer, Markus/Kirschner-Brouns, Suzann: **Das große Homöopathie Handbuch.** Gräfe und Unzer Verlag, München

Wohlleben, Peter: **Das geheime Leben der Bäume.** Ludwig Buchverlag, München

ADRESSEN IM INTERNET

BERATUNG:

www.gartenbauvereine.de
www.gartenakademie.de

NÜTZLINGE IM GARTEN:

www.amw-nuetzlinge.de

www.nuetzlinge.de
www.re-natur.de

INFOS ZU GIFTIGEN PFLANZEN:

www.giftpflanzen.ch
www.botanikus.de

BILDNACHWEIS

WICHTIGER HINWEIS

Einige der in diesem Buch vorgestellten Pflanzen stehen unter Naturschutz. Bitte informieren Sie sich bei den Behörden Ihres (Bundes-)Landes über die geltenden Vorschriften. Die Informationen in diesem Buch wurden von Autor und Verlag sorgfältig geprüft. Dennoch kann bei Schäden, die durch die gegebenen Tipps und Hinweise entstehen, keine Haftung übernommen werden.

DER AUTOR

JÜRGEN FEDER ist Diplom-Ingenieur für Landespflege, Flora und Vegetationskunde. Er zählt zu den bekanntesten Experten für Botanik in Deutschland und ist ein gefragter Referent zum Thema Farn- und Blütenpflanzenwelt Nordwestdeutschlands.

Jürgen Feder ist Autor bzw. Co-Autor diverser Bücher, Fachzeitschriften und mehr als 600 Fachartikeln zum Thema Flora. Seit 2008 ist er auch Herausgeber der »Bremer Botanischen Briefe«, einer botanischen Fachzeitschrift, die sich vorwiegend auf den Bereich zwischen Cuxhaven und Freiburg/Elbe im Norden bis Barnstorf und Rethem im Süden bezieht. Die Artikel dienen als Motivation, auch die alten Pfade neu zu erkunden sowie neue Pfade einzuschlagen, denn unsere Landschaft ist im ständigen Wandel. Einige Arten nehmen immer mehr ab, andere breiten sich aus bzw. wandern in andere Regionen. Die »Bremer Botanischen Briefe« erscheinen zwei Mal pro Jahr und sind als Forum für kleinere bis mittelgroße Arbeiten der hiesigen Botaniker-Szene gedacht.

DANK

Nadja Harzdorf, Elena Gabler und Anita Zellner vom Verlag Gräfe und Unzer (München) danke ich für diese prima Idee und ihre dauernde Unterstützung bei der Umsetzung. Regina Carstensen (München) begleitete mich schon wieder als Lektorin, auch dieses Mal ohne Fehl und Tadel. Und im Hintergrund hielten meine beiden Haftdolden der letzten Jahre (die famose Acker-Haftdolde konnte ich ja nun doch nicht mit aufs Schiff nehmen), Claudia Bontjes van Beek (Horst/Holstein) und Stefanie Kretschmann (Bremen), wieder die Federführung in Händen – sofern das bei mir überhaupt geht …

Gartenlust pur.

ISBN 978-3-8338-6870-2

ISBN 978-3-8338-4738-7

ISBN 978-3-8338-6242-7

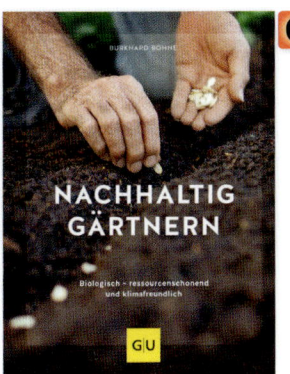

ISBN 978-3-8338-7128-3

ISBN 978-3-8338-6953-2

ISBN 978-3-8338-3790-6

 Auch als eBook erhältlich.

IMPRESSUM

© 2020 GRÄFE UND UNZER VERLAG GMBH, München.
Alle Rechte vorbehalten. Nachdruck, auch auszugsweise, sowie Verbreitung durch Bild, Funk, Fernsehen und Internet, durch fotomechanische Wiedergabe, Tonträger und Datenverarbeitungssysteme jeder Art nur mit schriftlicher Genehmigung des Verlages.

Projektleitung: Elena Gabler, Anita Zellner
Lektorat: Regina Carstensen, Gabriele Linke-Grün
Bildredaktion: Anita Zellner, Petra Ender, Natascha Klebl (Cover)
Umschlaggestaltung: independent Medien-Design, Horst Moser, München
Herstellung: Susanne Fuhrmann
Satz und Layout: Ludger Vorfeld
Reproduktion: Longo AG, Bozen
Druck und Bindung: aprinta Druck, Wemding

ISBN 978-3-8338-7351-5

1. Auflage 2020

Printed in Germany

Umwelthinweis:
Dieses Buch ist auf PEFC-zertifiziertem Papier aus nachhaltiger Waldwirtschaft gedruckt.

 www.facebook.com/gu.verlag

LIEBE LESERINNEN UND LESER,

wir wollen Ihnen mit diesem Buch Informationen und Anregungen geben, um Ihnen das Leben zu erleichtern oder Sie zu inspirieren, Neues auszuprobieren. Wir achten bei der Erstellung unserer Bücher auf Aktualität und stellen höchste Ansprüche an Inhalt und Gestaltung. Alle Anleitungen und Rezepte werden von unseren Autoren, jeweils Experten auf ihren Gebieten, gewissenhaft erstellt und von unseren Redakteuren/innen mit größter Sorgfalt ausgewählt und geprüft.

Haben wir Ihre Erwartungen erfüllt? Sind Sie mit diesem Buch und seinen Inhalten zufrieden? Haben Sie weitere Fragen zu diesem Thema? Wir freuen uns auf Ihre Rückmeldung, auf Lob, Kritik und Anregungen, damit wir für Sie immer besser werden können. Und wir freuen uns, wenn Sie diesen Titel weiterempfehlen, in Ihrem Freundeskreis oder bei Ihrem online-Kauf.

Sollten wir Ihre Erwartungen so gar nicht erfüllt haben, tauschen wir Ihnen Ihr Buch jederzeit gegen ein gleichwertiges zum gleichen oder ähnlichen Thema um.

KONTAKT

GRÄFE UND UNZER VERLAG
Leserservice
Postfach 86 03 13
81630 München
E-Mail: leserservice@graefe-und-unzer.de

Telefon: 00800 / 72 37 33 33*
Telefax: 00800 / 50 12 05 44*
Mo–Do: 9.00–17.00 Uhr
Fr: 9.00–16.00 Uhr (*gebührenfrei in D,A,CH)

GRÄFE UND UNZER

Ein Unternehmen der
GANSKE VERLAGSGRUPPE